OHSAMA BUNKO

面白すぎて時間を忘れる
雑草のふしぎ

稲垣栄洋

三笠書房

はじめに　読めば「身の回りの雑草」の見え方が変わる

近所を散歩していて考えた。

どうして雑草は、誰も水をやらないのに、こんなに活《い》き活きと生《は》えているのだろう。

庭の草取りをしていて考えた。

どうして雑草は、抜いても抜いても生えてくるのだろう？

雑草は、ふしぎな植物である。

雑草は、道ばたや公園、田畑など、私たち人間がつくり出した環境に生える植物である。

そんな雑草たちが暮らす環境には、ある共通点がある。

それは、「予測不能な変化が起こる」ということである。

雑草が生えている場所は、いつ踏まれるかもわからないし、いつ草取りされるかもわからない。ある日、突然、除草剤を撒《ま》かれるかもしれないし、機械で草刈りされるかもしれない。

しかし雑草は、そんな一見すると過酷にしか思えない環境を得意としている。

そして、そんな環境を利用して、鮮《あざ》やかに成功を収めている。

雑草にとって、「予測不能な変化」は、チャンス以外の何ものでもないのだ。


現在は、「未来が見えない時代」といわれる。何が起こるかわからない、予測不能な変化の時代である。何が起こるかわからないのは、誰にとっても怖いことである。

変化が起こることは、誰にとっても不安である。

ところが、である。あろうことか雑草は、そんな「予測不能な変化」をチャンスに変えて成功しているのだ。

「雑草魂」という言葉がある。環境が悪くても枯れずに命をつなぐ雑草にたとえ、逆境さえも糧《かて》にしていく根性などを意味する言葉だが、そこには「しゃかりきに努力すれば何とかなる」というメッセージが込められていると思う。

だが、雑草が生えている環境は、泥臭《どろくさ》くがむしゃらに頑張れば何とかなる、というようなものではないだろう。枯れずに命をつないでいくためには、**洗練された「何か」**があるはずなのだ。

本書では、そんな雑草の秘密に迫ってみたい。

ちなみに、日本の〝植物学の父〟と称される牧野《まきの》富太《とみた》郎《ろう》博士は、**「雑草という草はない」**という言葉を残したという。また、雑草のポジティブな面に着目して『雑草の研究と其利用』という本も出している。

そして、**逆境の中で野に生きた牧野富太郎は、まさに「雑草魂の人」だった**と思う。

雑草というと、何でもない草が、何気なく生えているように思うかもしれないが、そうではない。

繰り返しになるが、雑草が生えている場所は、植物が生えるには過酷な環境であり、どんな植物でも雑草として生えることができるわけではない。

私たちがふだん何気なく目にする雑草は、じつは選ばれた一部の成功者たちなのだ。

本書を読めば、きっと身の回りの雑草の見え方が変わってくることだろう。

そして、漠然と不安を抱いていた「予測不能な未来」が、「成功が約束された未来」であることに気がつくかもしれない。

もう一度、言おう。

雑草にとって、予測不能な変化はチャンスでしかないのだ。

さぁ、物語を始めよう。

面白すぎて時間を忘れる雑草の物語のはじまりである。

稲垣栄洋

もくじ

1章

どんな雑草もボ〜ッと生えてるわけじゃない
……その「静かなる生存競争」のヒミツ

2章

甘い蜜、きれいな花には「裏」がある

……すべては「虫たちに花粉を運ばせる」ために

3章

「新天地」をめざす飽くなき冒険

……動けない雑草は、種子をいかに拡散するか

4章

常に一歩先を行く切れ者ぞろい

……いちばん身近で私たちを欺き続ける雑草たち

5章

雑草たちをめぐるセンス・オブ・ワンダー
……「オンリーワンの存在」をめざす知的なたくらみ

本文イラストレーション　tent

1章

どんな雑草も
ボ～ッと生えてるわけじゃない

……その「静かなる生存競争」のヒミツ

「予測不能な変化」に適応する強さ

メヒシバ（イネ科）

茎《くき》と茎を絡《から》ませて遊ぶ「草相撲《くさずもう》」がある。

引っ張り合って茎がちぎれなかった方が勝ち、ちぎれた方が負けである。

草相撲によく使われる雑草に、**メヒシバ**と**オヒシバ**がある。

通常はメヒシバどうし、オヒシバどうしで相撲をすることが多いが、それでは、メヒシバとオヒシバではどちらが強いだろう。

メヒシバは**「雌日芝」**である。これに対してオヒシバは**「雄日芝」**である。つまりは、メスとオスに見立てられているのだ。

実際には、メヒシバとオヒシバはまったく別の植物なのだが、メヒシバは女性らしいやわらかさを感じさせ、オヒシバは男性らしい頑強さを感じさせることから、そう名付けられた。

草相撲をすると、オヒシバの方が勝率がいい。

何しろオヒシバは茎の外側が硬い皮で覆《おお》われている。オヒシバは別名を「力草《ちからぐさ》」という。人間がちぎろうとしても、茎はなかなかちぎれない。

一方のメヒシバは、茎がすぐにちぎれてしまう。

しかし、である。

メヒシバの強さの秘密は、このちぎれやすい茎にあるとしたらどうだろう。

ちぎれやすい茎の「強さ」とは何だろう？

メヒシバの茎はちぎれやすい。このちぎれやすいことの利点は何だろう。

たとえば、畑などではトラクターで土が耕される。トラクターによる破壊は、雑草にとってはとてつもない脅威だ。メヒシバもトラクターの刃《は》で、茎がどんどんちぎれてしまう。

しかし、これこそがメヒシバの作戦である。メヒシバの茎をよく見ると、ところどころに節《ふし》がある。この節から新しい根や芽を出して、再生することができるのである。

さらに、茎がちぎれたということは、それだけ茎の数が増えたということになる。こうしてメヒシバは、耕されることによって数を増やしてしまうのである。

鎌《かま》で草刈りをしていても、メヒシバの茎はちぎれていく。もし、刈った草を放置しておけば、すぐさまメヒシバは再生してくる。きれいに取り除いたつもりでも、茎の断片は地面に落ちる。そうすれば、メヒシバはまたそこから生えてくるのだ。

耕されたり草取りが行なわれたりする「畑」という環境は、雑草にとって過酷である。そのため、畑に生えることができる雑草の種類は、じつは少ない。**畑に生えている雑草は、じつは雑草の中でも選び抜かれたエリート**なのだ。

草相撲では強さを発揮するオヒシバも、畑の雑草にはなりきれていない。ふしぎなことに、畑のまわりには見られるのに、よく耕された畑の中には生えていない。

オヒシバは強そうに立ってはいるが、耕されればそれで終わってしまう。根っこを力強く地面に張っているオヒシバを抜くことは難しいが、鎌で刈り取ってしまえば、

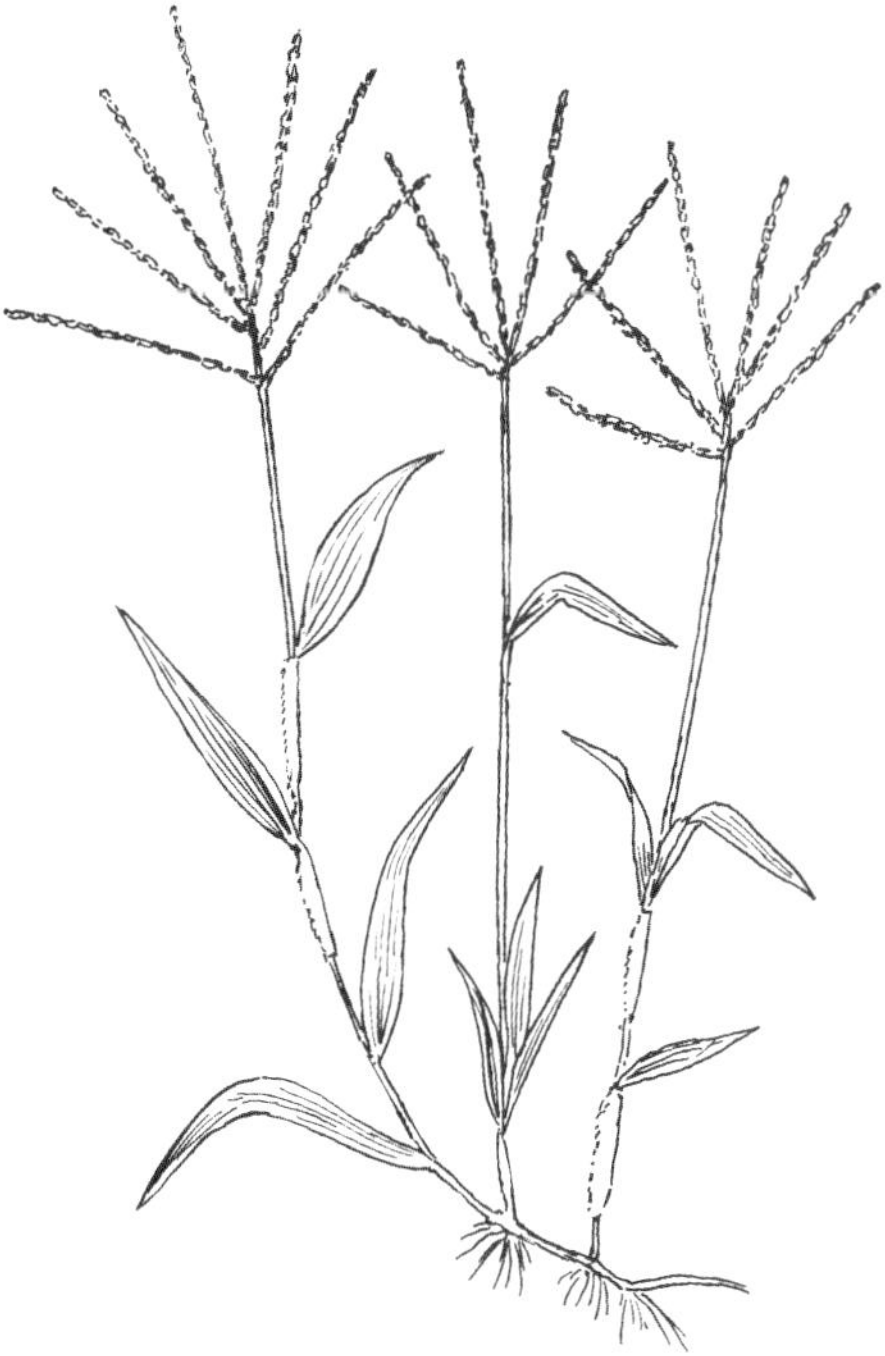

メヒシバ

それで終わりである。メヒシバに比べると、意外ともろいのだ。

しかし、オヒシバも弱いわけではない。

茎が頑強なオヒシバは、踏まれることに対してはめっぽう強い。他の雑草が生えられないくらい踏み固められたグラウンドで、地面に這《は》いつくばって生えているのはオヒシバだ。

メヒシバもオヒシバも、それぞれの強さがあるのである。

植物の強さを決める「三つの要素」

これは雑草に限らず、植物全体の話であるが、植物の「強さ」には三つの要素があるといわれている。

一つ目は**「競争に勝つ強さ」**である。

植物の世界では、光や水を奪い合う激しい競争が常に行なわれている。この競争に勝つことが「強さ」である。深い森の中で葉を茂《しげ》らせている大木は、まさに競争の勝者と言っていいだろう。

植物の強さを語る場合、この「競争に勝つ強さ」を指すことが多い。

しかし実際には、他の強さも存在する。

植物の強さの二つ目は**「耐える強さ」**である。

たとえば、水のない砂漠に生えるような植物にとって、他の植物に打ち勝つ競争力は必要ない。求められるのは、ただじっと乾燥に耐える力である。

そして三つ目が**「変化を乗り越える強さ」**である。

耕されたり、踏まれたり、刈られたり、いつ何が起こるか、まったくわからない。そんな予測不能な変化が次々に襲ってくる環境で求められるのは、「競争に勝つ強さ」でも「耐える強さ」でもない。「変化を乗り越える強さ」である。そして、雑草と呼ばれる植物は、この三つ目の力に優れているとされる。

これは植物全体の話ではあるが、「予測不能な変化に対応する力」に優れているという雑草を見ても、それぞれの強さを持ち合わせている。

耕されたり、刈られたりしても、それを乗り越えて増殖してしまうメヒシバは、雑草の中でも「変化を乗り越える強さ」に優れている。

一方、踏まれることに耐え続けるオヒシバは、「耐える強さ」に優れている。

また、雑草が生える環境の中でもストレスが少なかったり、変化が少なかったりする場所では、「競争に勝つ強さ」が物をいう。

雑草をよく観察してみると、じつは生えている環境によって、生えている種類が何となく違うことに気がつくかもしれない。雑草はどこにでも生えているイメージがあるが、じつは、**それぞれの強みを発揮できる場所で生えている**のである。

それでは質問である。

あなたにとっての「強さ」とは何だろう？

メヒシバに学ぶ

自分にとっての「強み」を発揮できる場所を考えてみる

多数派に安住せず「我が道」を行く

カヤツリグサ（カヤツリグサ科）

三角形は、もっとも少ない辺の数で構成される。四角形や六角形はすべて三角形を組み合わせることによってつくることができる。三角形は図形の最小単位なのである。

もっとも少ない数の辺で無駄なくつくられているので、同じ断面積であれば、外からの力に対しては三角形がもっとも強い。

そのため、さまざまなものが三角形の構造をしている。

たとえば、自転車のフレームは三角形をしているし、鉄橋や東京タワーに見られるトラス構造も、三角形の組み合わせだ。

植物の茎は円柱のような形をしていると思われているが、三角柱の形のものもある。

その一例が**カヤツリグサ**である。カヤツリグサの茎を触ってみると、角張っている。

さらに茎を折ってみると、断面は三角形をしている。

カヤツリグサは、頑強な三角形の茎を持っているのである。

三角形の茎は最強である。

そうだとすると、ふしぎなことがある。もし、三角形の茎が最強であるならば、他の植物も三角形の茎に進化してもよさそうなものではないか。

それなのに、どうして多くの植物は、丸い茎をしているのだろう？

カヤツリグサの茎は硬い。頑強な三角形の茎の外側を、硬い表皮でしっかりと覆って、頑強さを保っているのだ。

しかし、三角形の茎には欠点がある。

丸い茎は中心からの距離がどの方向も等しいので、一定の圧力で隅々の細胞まで水を行き届かせることができる。ところが、三角形の茎では中心からの距離がまちまちになるので、水が隅の細胞まで均等に届きにくいのだ。

そのためか、カヤツリグサの仲間の多くは、水が潤沢《じゅんたく》な湿った場所に分布すること

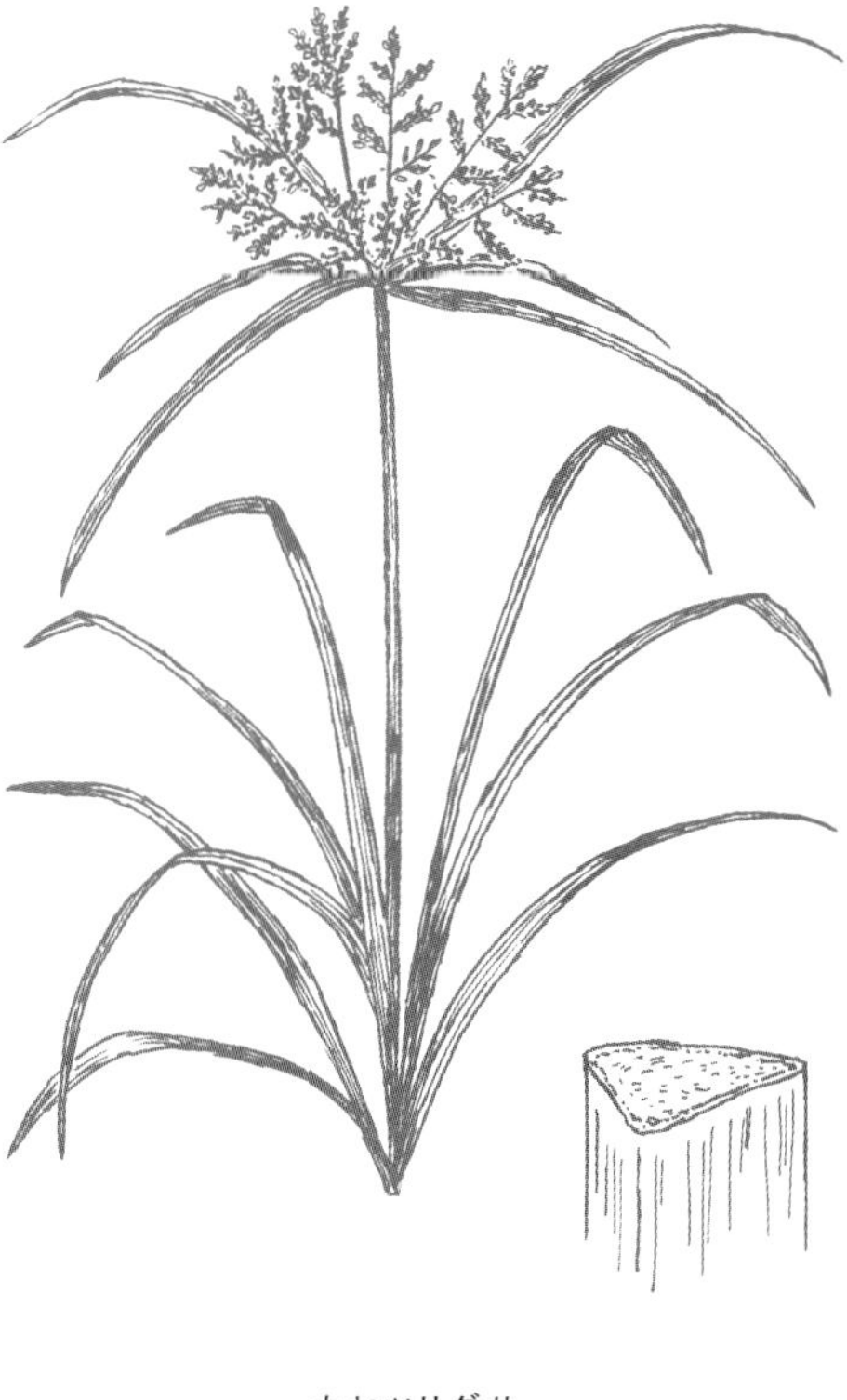

カヤツリグサ

が多い。

しかしおそらく、茎が三角形だと隅々まで水が届かないということは、大きな問題ではないはずである。現にカヤツリグサは、乾燥した道ばたや畑にも生えることができる。それにもし、湿潤な場所でその問題が解決するのであれば、湿地に生える植物はすべて三角茎の茎をしていてもよさそうなものである。

あえて「三角形の茎」をしているワケ

三角形の茎が強いことに、間違いはない。しかし、どうだろう。どんなに頑強さを誇ったとしても、想定外に強い波が押し寄せれば、ポキンと折れてしまう。

一方、断面が丸い茎は、どの方向にも曲がることができる。そして、茎がしなることによって外部からの力を逃がすことができるのである。

強い波に耐えることができるのも「強さ」なら、強い波に逆らわずにやり過ごすことも、また「強さ」なのだ。

それが多くの植物が三角形の茎を採用していない、大きな理由である。

だからといって、カヤツリグサが失敗をしているかといえば、そうではない。
カヤツリグサの仲間は種類が多く、世界各地で繁栄《はんえい》している。しかも、湿地だけでなく、乾燥した土地や都市部など、さまざまな環境に分布している。美しい花を咲かせるわけではないので、目立たない存在だが、人知れず成功を収めているのだ。

雑草は、それぞれ自分の強さが発揮できる「得意な場所」で活躍している。

三角形の茎も強すぎる力には負けてしまうかもしれないが、そこそこの力に対しては、倒れることなく、立ち続けることができる。丸よりも三角形の茎が有利な場所もあるだろう。

三角形の茎は頑強なことに意味があるだけではない。

「他の植物と違う」ということに意味があるのである。

カヤツリグサに学ぶ

自分の「差別化ポイント」を見つけ、こだわってみる

「地べたに生きる」ことに徹した工夫

コニシキソウ（トウダイグサ科）

雑草は、「踏まれても踏まれても立ち上がる」というイメージがある。

そんなイメージから、「雑草魂で頑張れ」と言われた方も、「雑草のようにたくましく」と努力してきた方もいるだろう。

しかし、である。

雑草の実際の姿は、それとは違う。

じつは、雑草は踏まれると立ち上がらない。

もしかしたら、一度、踏まれたくらいであれば立ち上がってくるかもしれないが、何度も踏まれると、立ち上がらなくなってしまうのだ。

「踏まれたら立ち上がらない」——これが、雑草の本当の姿なのである。

もしかしたら、がっかりさせてしまったかもしれない。

雑草魂というには、あまりにも情けないと思うかもしれない。

だが、じつは、これこそが雑草の強さなのである。

踏まれたら立ち上がらないことが「強さ」であるとは、どういうことなのだろう？

そもそも、どうして立ち上がらなければならないのだろうか。

雑草にとって、もっとも重要なことは何だろう。

それは、**花を咲かせて種子を残すこと**である。

そうであるとすれば、踏まれても踏まれても立ち上がるというのは、ずいぶん無駄な努力である。

そんな余分なことにエネルギーを使うよりも、踏まれながらどうやって花を咲かせるかということの方が大切である。そして、踏まれながら種子を残すことにエネルギーを注ぐ方が、ずっと合理的である。

だから、雑草は立ち上がるような無駄なことはしないのだ。

踏まれている雑草を見ると、踏まれてもダメージが小さいように、地面に横たわるようにして生えている。踏まれて横に倒れているように見えるかもしれないが、そうではない。

多くの雑草は、葉が踏まれたという刺激を受けると、植物ホルモンの働きで、上に伸びることをやめてしまう。そして、茎を横に伸ばすようになるのである。上に伸びていけば、踏まれると折れてしまうが、最初から地面に横たわっていれば、踏まれても茎が倒れることもなければ、折れてしまうこともない。

こうして、踏まれながら、持ちうるすべてのエネルギーを使って、花を咲かせる。そして、確実に種子を残すのである。

何度も何度も立ち上がっても、種子を残せなければ意味がない。

雑草の戦略は、踏まれても立ち上がるという根性論よりもずっと合理的である。そして、雑草はずっとしたたかで、たくましいのである。

「上に伸びる」だけが能じゃない

踏まれた場所によく見られる雑草に、**コニシキソウ**がある。コニシキソウも、踏まれない場所では上に伸びていく。しかし、踏まれる場所では、地面にぴったりと葉をつけて、横に伸びていく。葉っぱも地べたに張りつくように広げていて、上に伸びることなど、最初からあきらめているのだ。

しかし、である。

ほとんどの植物は上へ上へと伸びていく。植物は上へ伸びていくのが、常識なのだ。それなのに、上に伸びることをあきらめてしまって、大丈夫なのだろうか。

そもそも、植物が上に伸びるのは、太陽の光を浴びるためである。光合成を行なう植物は、太陽の光を浴びなければ生きていくことができない。そのため、他の植物よりも、高いところに葉をつけなければならない。

だからこそ植物たちは、競い合って上へ上へと伸びていくのだ。

ところが、コニシキソウは違う。

コニシキソウは、よく踏まれる場所に生えている。

そんな場所に生える植物は少ない。そもそも、上に伸びても、踏まれて折られてしまうだけである。そんな場所でコニシキソウより高く伸びる植物は存在しえない。そのため、地べたに横たわっていても、コニシキソウは十分に日光を浴びている。

花も蜜も徹底した「コスト削減」で準備

それでは、花はどうだろう。

ハチやアブなどの花粉を運んでくれる虫に見つけてもらうためには、やはり花が高い位置にあった方が有利である。

地べたに花を咲かせていて、大丈夫なのだろうか？

じつは、コニシキソウは、ハチやアブに花粉を運んでもらおうとはしていない。コニシキソウの花粉を運ぶのは、地べたにいるアリである。

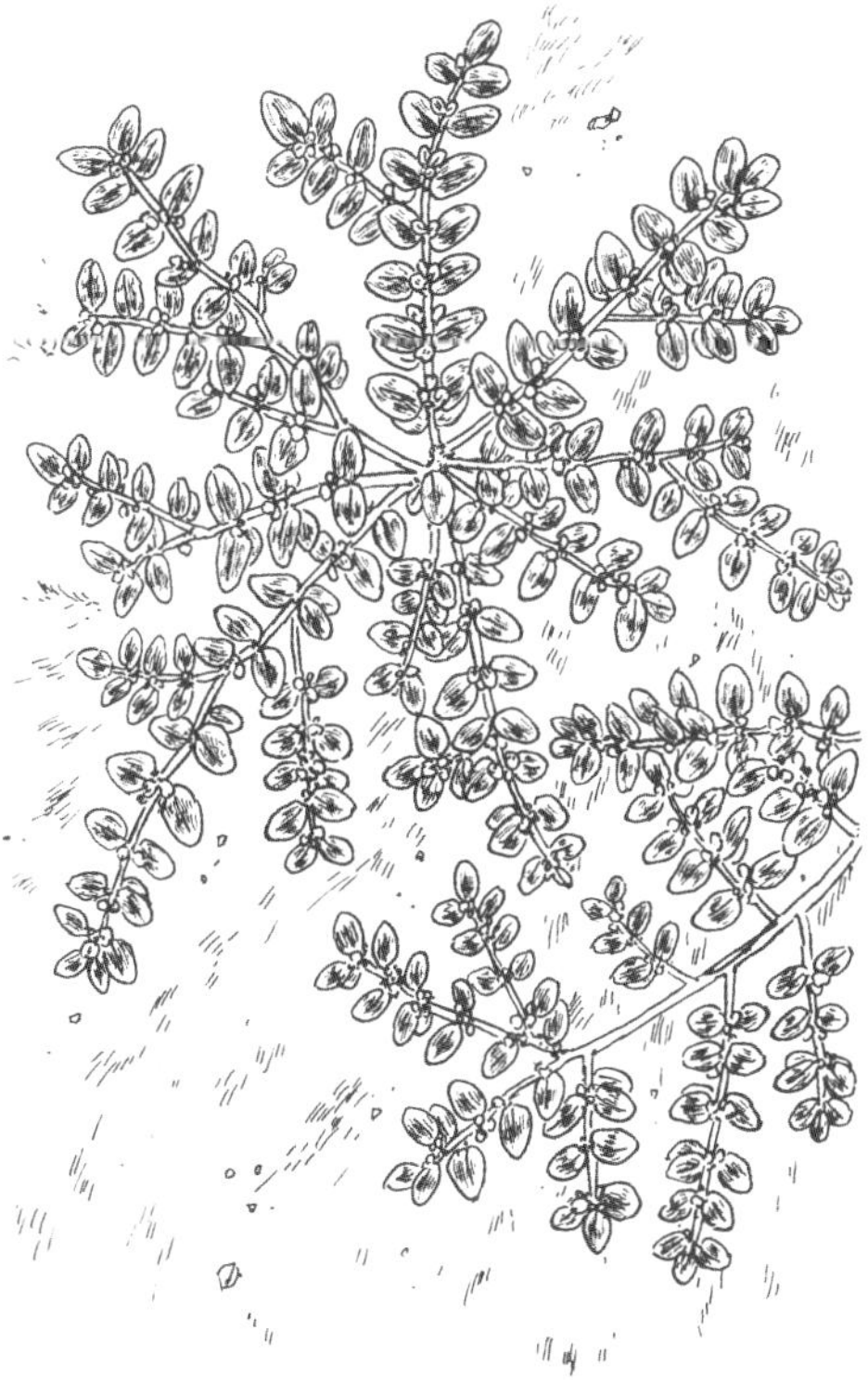

コニシキソウ

働き者のアリは地面の上に伸びたコニシキソウの茎を伝いながら蜜《みつ》を集め、口のまわりについた花粉を運んでいく。アリは蜜の匂いだけで集まってくるから、ハチやアブを呼び寄せるための豪華な花びらは必要ない。しかも、アリが相手だからごくごく小さい花を咲かせればいいし、蜜の量も少しでいい。かなりのコスト削減を実現しているのである。

種子散布を手伝う心強いパートナー

それでは種子はどうだろう。

植物は、風で飛ばしたり、はじき飛ばしたり、さまざまな方法で種子を散布する。風で飛ばすにしても、はじき飛ばすにしても、種子を高いところに置いた方が遠くへ飛ばせそうな気がする。

実際にコニシキソウは、種子をはじき飛ばす。そうだとすると、高い位置にあった方が有利である。

しかし、コニシキソウには種子散布を手伝ってくれる心強いパートナーがいる。

それもアリである。

コニシキソウの種子を見つけたアリは、それを巣に運ぼうとする。じつはコニシキソウの種子の表面には、甘い糖が付着しているのだ。こうして、コニシキソウの種子はアリの巣に運ばれるが、糖を食べたアリは、種子を巣の外に捨ててしまう。このアリの働きによって、コニシキソウの種子は遠くへ運ばれてゆくのである。

このように**コニシキソウは、地べたで生きることに徹して、地べたに適したさまざまな工夫**をしている。

ここまで覚悟ができていれば、どうやら、地べたで生きているのも悪くないようだ。

植物の生育を測る指標に**「草高《くさたか》」**と**「草丈《くさたけ》」**がある。

よく似た言葉に聞こえるが、意味するところは少し違う。

草高は地面から茎の先端までの「高さ」である。

一方の草丈は根元から茎の先端までの「長さ」である。

どちらも、同じ意味にも見える。確かに、まっすぐ上に伸びる植物にとっては、草高と草丈はまったく同じである。

しかし、コニシキソウにとっては大きく異なる。

横に伸びるコニシキソウは、どれだけ草丈を伸ばしたとしても、草高が高くなることはない。ほとんどゼロなのだ。


「植物は上に伸びなければいけない」

「他の植物よりも高く伸びた植物が成功している」

コニシキソウはそんな植物の世界の常識を、まったく気にしていない。

生長にとって大切なのは、高さではないということを知っているのである。

コニシキソウに学ぶ

上ばかり見ずに「横に伸びること」「地に足をつけること」も考える

「アスファルトの隙間」は悪くない住み心地

ツメクサ（ナデシコ科）

アスファルトの隙間《すきま》に、雑草が小さな花を咲かせている。
こんなところに芽を出してかわいそう、と同情するかもしれない。
頑張っている自分の姿を重ね合わせて、センチメンタルな気持ちになるかもしれない。
しかし、本当にそうだろうか。
アスファルトの雑草は、かわいそうな存在なのだろうか。
雑草にとって、アスファルトの隙間は、そんなに悪くない場所のようにも見える。
実際はどうなのだろう。

アスファルトの隙間に生えてよいことなど、あるのだろうか？

アスファルトの隙間に生えた雑草を、抜くことは難しい。

アスファルトの下に根を伸ばしているので、抜こうとしても、葉っぱがちぎれるだけで、根っこから抜くことができないのだ。

茎や葉がアスファルトの上に伸びていれば、葉っぱだけでも取ることができるが、アスファルトの隙間の中に生えている小さな雑草に、私たちは手も足も出ない。もっとも、それだけ小さな雑草は、気にならないから、誰も抜こうとも思わないだろう。

もし並んで生えているとすれば、小さな雑草は、大きな雑草に比べてそれだけで不利である。植物は光を浴びなければ光合成ができないので、陰に入らないようにするためには、隣の植物よりも高くなる必要があるからだ。

しかし、**アスファルトの隙間に生えるような雑草の隣に、ライバルになるような植物はいない**。アスファルトの隙間に隠れていても、いっぱいに日光を受けることができる。

植物の世界の光をめぐる競争は過酷である。競争がない、というだけで植物にとっては、相当に幸せなことなのだ。

それだけではない。

アスファルトの隙間は、土の中の水分が蒸発しにくい。しかも、道路に降り注いだ雨水は、アスファルトの隙間に流れ込む。植物にとって必要な水分も、不足しにくい場所なのだ。

雑草にとって、アスファルトの隙間は、そう悪くない快適な場所である。そのため、アスファルトの隙間には、じつはさまざまな雑草が生えている。

過酷な環境・条件にもサラリと適応

中でもアスファルトの隙間を得意としているのが、**ツメクサ**である。

ツメクサと聞くと、四つ葉のクローバーでおなじみのシロツメクサを思い浮かべる人がいるかもしれない。しかし、ツメクサはそれとはまったくの別種である。

シロツメクサは、漢字では「白詰草」と書く。葉っぱがやわらかいので、江戸時代にはガラス製品を箱詰めするときの梱包材《こんぽうざい》として用いられた。そのため、**「詰め草」**と名付けられたのである。

これに対して、ツメクサは**「爪草」**である。こちらは、猛禽類《もうきんるい》の爪のような細い葉を持つことから名付けられた。細くて厚みのある葉は、水分が逃げにくく、乾燥に強い形でもある。

そのためツメクサは、アスファルトの隙間ばかりか、歩道のタイルの目地などの、ほとんど土がないようなわずかな隙間にも生えている。歩道のタイルの目地が緑色をしていて、コケかと思ってよく見ると、じつはツメクサが生えているということも多い。

コケのようにさえ見える姿であるが、ツメクサはナデシコ科の植物である。ナデシコ科といえば、カーネーションや、大和撫子《やまとなでしこ》の別名で知られるカワラナデシコと同じ仲間である。また、カスミソウもナデシコ科の植物である。

ツメクサは、図鑑では二〇センチくらいの草丈と説明されている。実際に、アスフ

ツメクサ

ァルトの隙間でなければ、ツメクサは大きく草丈を伸ばしている。ところが、アスファルトの隙間や、歩道のタイルの目地では、一センチにも満たないような小さな形で隙間に収まっている。

もともと植物は、環境に合わせて体の大きさを変えることができる。たとえば、大木になるような木も、盆栽《ぼんさい》になれば小さな姿に収まることができる。

このように**植物は、体のサイズを変化させる能力を持っているが、雑草は、そんな植物の中でも、サイズを変化させる能力が優れている**といわれている。

しかし、それだけではない。

雑草のすごいところは、アスファルトの隙間や、歩道のタイルの目地のような場所であっても、しっかりと花を咲かせていることだ。

歩道のわずかな隙間に生えたツメクサを見てみてほしい。必ず、花が咲いていたり、そうでなくても、蕾《つぼみ》や実をつけていたりする。

もっとも雑草以外の植物も、条件が悪ければ生長せずに小さくなることはある。しかし、雑草以外の植物は、生長が悪ければ、花を咲かせることができない。

だが、雑草であるツメクサは違う。どんなに小さいサイズであっても花を咲かせて、実を結ぶ。

植物にとって、もっとも大切なことは花を咲かせて種子を残すことである。

ツメクサはどんな環境であっても、どんなに小さい姿であっても、大切なことを見失わないのである。

ツメクサに学ぶ

「何が自分にとってもっとも大切か」を考えてみる

「昆虫界最強」のアリをボディーガードに

カラスノエンドウ（マメ科）

ハチを呼び寄せるために、植物は花の中に蜜を隠し持っている。ところが、花以外のところから蜜を出している植物がある。たとえば、エンドウに似た紅紫色の花をつける**カラスノエンドウ**という雑草は、葉の付け根に**蜜腺**《みつせん》を持っている。この蜜腺は、ハチではなく、アリを呼び寄せるためのものである。

カラスノエンドウは、何のためにアリを呼び寄せようとしているのだろう？

アリは甘い蜜を求めて、カラスノエンドウにやってくる。

アリにとって、カラスノエンドウは大切なエサ場となる。そしてアリは、エサ場を守ろうとして、近づいてくる昆虫を追い払うようになるのだ。

「アリンコ」と呼ばれて、人間にはバカにされているが、じつは**アリは昆虫界では最強の存在**である。何しろ集団で襲われれば、どんな昆虫も逆らいようがない。アリは片《かた》っ端《ぱし》から、エサ場に近づく昆虫を追い払い、結果としてカラスノエンドウから、害虫がいなくなるのである。

カラスノエンドウは**甘い蜜で、アリをボディーガードとして雇《やと》っている**のである。

ちなみに、カラスノエンドウと一緒に生えていることも多い、薄紫色の花を咲かせるスズメノエンドウという雑草は、蜜腺を持たない。その代わりに、抗菌物質や除虫《じょちゅう》のための物質を体の中に備えて身を守る。

よく似た植物であっても、その防衛戦略はまったく異なるのである。

話を戻そう。こうして蜜腺を巧みに使い身を守っているカラスノエンドウだが、ふしぎなことがある。

アリに守ってもらっているはずなのに、じつはカラスノエンドウには害虫がついているのを見かける。植物の害虫であるアブラムシが、カラスノエンドウに群れをなしているのだ。

どうしてだろう。

「アブラムシをたからせる」のも作戦のうち？

じつはアブラムシは、ボディーガードであるアリを寝返らせることに成功した。アブラムシは、お尻から甘い汁を出す。この甘い汁がアリのエサになるのだ。そして、あろうことかアリはアブラムシのボディーガードとなって、やってくる虫を追い払う。

アブラムシを食べにくる虫は、カラスノエンドウにとっては益虫だが、アリはおかまいなしに追い払う。すっかりアブラムシに懐柔《かいじゅう》されてしまっているのだ。

アブラムシは別名を「アリマキ」という。これは「アリのまき場」に由来する。人

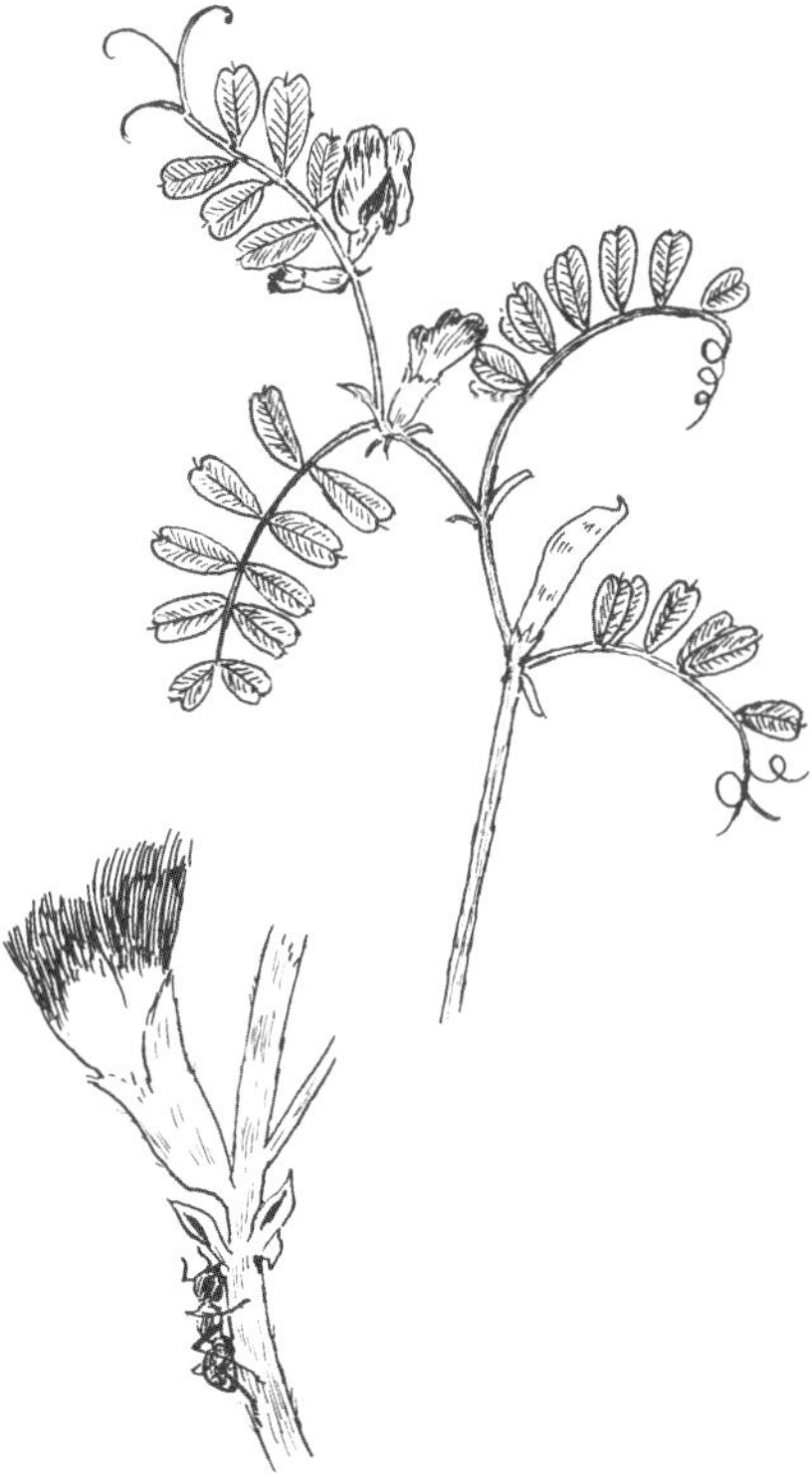

カラスノエンドウ

間が牧場で牛を飼うように、アリはアブラムシの世話をする。アブラムシの方は、アリを利用して身を守っているのだ。

アブラムシはカラスノエンドウの汁を吸う害虫である。元をたどれば、アブラムシの出す甘い蜜は、カラスノエンドウから奪ったものだから、どうにもやりきれないようにも思える。

しかし、である。

最近の研究によると、この**アブラムシをたからせているのも、カラスノエンドウの作戦の一つかもしれない**というから、雑草の戦略はじつに奥が深い。

もし、それが本当だとすると、カラスノエンドウは、何のために害虫を棲《す》まわせているのだろう？

これは研究途上なので、明確ではない。

ただし、アブラムシの中にはカラスノエンドウに害を与える種類と、害を与えない種類があるらしい。そして、害を与えない種類が群れをなしていれば、害を与える種類が入り込む余地がなくなってしまうらしい。

本当だろうか？

もし、害虫のアブラムシまで利用しているとすれば、カラスノエンドウの作戦は、相当に周到である。

カラスノエンドウに学ぶ

甘い「見返り」を準備して助っ人を雇ってみる

Column

「低く構える」ことは守りの基本

厳しい冬を乗り越えることは、雑草が生き抜く上で重要なことである。

雑草たちは、どのように冬を過ごしているのだろう。

寒風の吹きすさぶ冬の日、多くの人が背中を丸めて前かがみの姿勢で歩いている。これは、表面積を小さくして、寒い外気に当たる部分をできるだけ減らすためである。体積あたりの表面積がもっとも小さい形は球である。だから、表面積を小さくするにはできるだけ球に近い形をするのがよい。

逆に、ポカポカした暖かい日はどうだろう。伸びをすると、暖かな日光を体中に浴びることができる。

われわれ人間は、寒い日と暖かい日とで姿勢を変えることができるが、植物はそれ

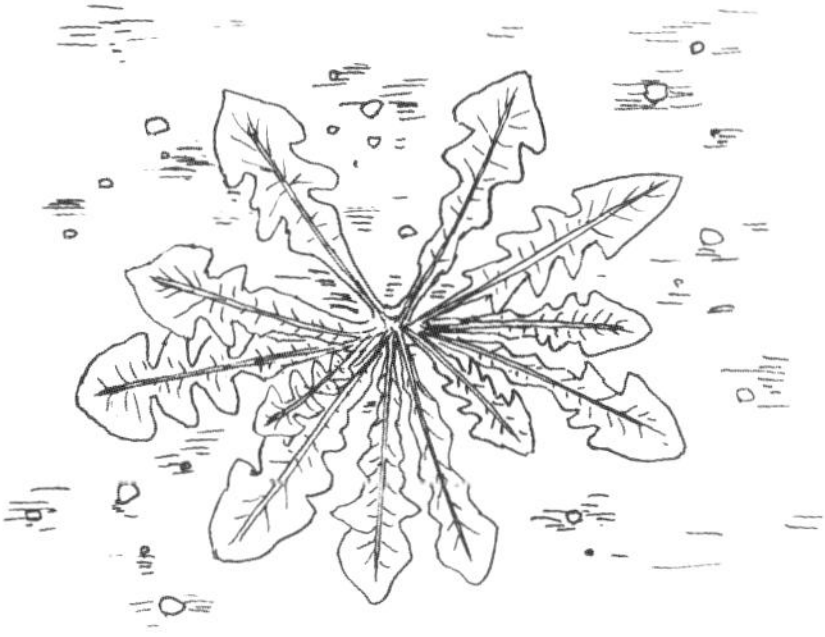

ほど動くことはできない。

一方で、**冬の寒さは避けたいが、太陽の光は思いっきり浴びたい**。

この二つの要求を満たすためには、どのような答えがあるだろうか。

冬の地面の上を見ていると、雑草が茎を伸ばさずに、放射状に広げた葉を重ねて、地面にぴったりと張りついているのを、よく見かける。

じつは、このスタイルこそが雑草の代表的な冬の過ごし方の一つである。

その姿は、上から見るとロゼットというバラの形の胸飾りに似ているので、このスタイルも**「ロゼット」**と呼ばれている。

なぜ「ロゼット」で冬を越す植物が多いのか

ロゼットは、じつに優れた姿勢である。

茎をほとんど伸ばさずに、葉を温かな地面に広げているので、外気に触れるのは葉っぱの表側だけである。また、冬の地面というのは、空気に比べると意外と温かいのだ。

しかも、葉は広げているから、しっかりと光合成をすることができる。

このロゼットは、越冬のスタイルとして相当に機能的なのだろう。

タンポポのようなキク科の仲間、そしてぺんぺん草の名で親しまれているナズナのようなアブラナ科の仲間、月見草の異名を持つマツヨイグサのようなアカバナ科の仲間など、花が咲けば似ても似つかないさまざまな種類の雑草が、どれも見かけはそっくりなロゼットをつくって冬を越している。

ロゼットはどれもそっくりなので、ロゼットだけで種類を識別することはなかなか難しい。

試行錯誤《しこうさくご》の末、それぞれが進化して「ロゼット」という同じ答えにたどりついているのである。

バレーボールや野球などの球技、相撲や柔道などの格闘技でも、守りの姿勢では腰を低くするし、銃撃戦では誰もが身を伏《ふ》せる。

低く構えることは守りの基本である。

このロゼットは、寒さだけでなく植物が身を守るときにおいても、機能的なスタイルである。そのため、冬の間だけでなく、夏の暑い時季や乾燥する時季にも雑草はロゼットをつくるし、よく踏まれたり、草刈りされたりする環境をロゼットでしのぐ雑草も多い。

しかしロゼットは、守りのスタイルではなく、攻めのスタイルである。それはどういうことなのだろう？

考えてみてほしい。

そもそも、どうして寒い冬の間に葉を広げなければならないのだろう。寒い時季は、温かな土の中で、種子で眠っている方がリスクは少ない。現にヘビやカエルも土の中で眠っている。春が来るまで土の中でやり過ごせばよいだけなのだ。

それなのにロゼットは、冬の寒い日にわざわざ葉を広げている。

こうして、光合成を続けながら栄養分をつくり出しているのだ。

もちろんロゼットは、茎を伸ばして生長するようなことはしない。そして**光合成で得た栄養分を地面の下の根っこに蓄えていく**のである。

やがて春になり、他の植物が種子から芽生《めば》えようとするだろう。そのときロゼットで冬を越した植物はどうだろう。

地面の下に蓄えた栄養分を使って一気に茎を伸ばし、他の植物に先駆《さきが》けて、いち早く花を咲かせることに成功するのである。

「春の来ない冬はない」といわれる。そうであるとすれば、**やがて来る春のために準備を怠《おこた》らないのが、ロゼットというスタイル**なのだ。

こう考えると、ロゼットをつくる雑草にとって、冬はけっして嫌な季節ではない。耐えなければならない季節でもない。

ライバルの植物たちが活動をせずに眠っている冬という季節があるからこそ、ロゼットをつくる植物は成功できるのである。

ロゼットはけっして守りのスタイルではない。力を蓄える攻めのスタイルなのである。

2章

甘い蜜、きれいな花には「裏」がある

……すべては「虫たちに花粉を運ばせる」ために

「メリットのある相手」をシビアに選別

ホトケノザ（シソ科）

春にピンク色の花を咲かせる**ホトケノザ**という雑草がある。

ホトケノザと聞くと、春の七草を思い浮かべる方がいるかもしれない。しかし、春の七草で「ほとけのざ」と呼ばれているのは、キク科の別種で、図鑑ではコオニタビラコと呼ばれている。

図鑑でホトケノザと紹介されているのは、シソ科の植物である。ホトケノザは小学校の生活科や理科の教科書でも、おなじみの雑草だろう。

ホトケノザは、昆虫に花粉を運んでもらうために、たっぷりの蜜で昆虫を呼び寄せる。花を摘《つ》み取って、花の根元を吸うと、甘い蜜の味がするので、子どもたちは学校帰りの通学路で、ホトケノザを摘んでみちくさを食っているという話も聞く。

招かれざる昆虫に〝お引き取り願う〟ために

さて、ホトケノザには、解決しなければならない問題がいくつかある。

一つは、**「虫の選別」**である。

じつは、花にやってくる昆虫には、その働きに差がある。

もっとも働きがよいのは、**ハチ**の仲間である。ハチは体力があり、遠くまで花粉を運ぶことができる。もし、大家族をつくるようなハチの仲間であれば、自分の分だけでなく、仲間の分まで蜜を集める。ハチが花から花へと飛び回れば、それだけ花粉も運ばれることになる。

ハチの働きが優れているのは、これだけではない。

ハチは、他の昆虫に比べると頭がよく、花の種類を見分けることができる。これは植物にとっては、極めて都合がよい。

花から花へと飛び回っても、同じ種類の花を飛び回ってくれないと、植物にとっては意味がない。ホトケノザの花粉がタンポポに運ばれても種子はできないし、スミレの花粉がホトケノザに運ばれてきても、子孫を残すことができないのだ。

同じ種類の花を飛び回ってくれるハチは、ホトケノザにとって、とてもありがたい存在なのである。

花を識別できるハチは、蜜の多い植物を選んで飛んでくる。そのため、ホトケノザは、たっぷりと蜜を用意して、ハチを迎え入れている。

しかし、問題がある。

ハチのために準備した蜜を狙《ねら》って、他の昆虫もやってきてしまうのだ。

せっかく準備した蜜は、ハチだけに与えたい。

どうすれば、ハチだけに蜜を与えることができるだろうか？

これは比較的、答えるのが簡単な問いだろう。

「能力を測るテスト」をすればよいのだ。

私たち人間も、誰かを選別しようとするときは、テストを行なう。

学校であれば入学試験があり、会社であれば入社試験がある。あるいは、スポーツチームであれば、入団テストがある。正式なテストでなくても、ビジネスの場面では雑談したり、会食したりしながら、この人に頼めるかどうか、この人と組むべきかどうかをテストしていることはある。

ハチは頭のよい昆虫である。そうであるとすれば、頭のよさをテストして、そのテストをクリアしたハチだけに蜜を与えればよいのである。

「横向きに咲く」たったこれだけで……

ホトケノザの花は、横向きに咲いていて、上の花びらが花を覆い隠している。そして、下の花びらには、ヘリポートのような丸い模様が描かれている。この模様がテストである。

じつはこの模様は、「ここにとまりなさい」というサインになっている。そして、ここにとまると、ハチが横向きに咲いている花の中まで入っていくことができるのだ。

これを理解できないアブやハエなどは、ホトケノザの花の上側にとまる。そして、花の入り口を探して歩き回るが、見つけることができない。やがてあきらめて飛び去ってしまう。「横向きに咲く」というたったこれだけのしくみで、他の昆虫を排除しているのである。

しかし、試験には続きがある。

花の入り口は、奥深くへ続いている。蜜を得るためには、花の中に潜《もぐ》り込んで、細い道を奥深くまで進み、そして後ずさりして戻ってこなければならないのだ。

この行動を得意としているのが、ハチである。

ホトケノザだけでなく、ハチを選別している花は、どれも似たような構造をしている。植物は、花の形を複雑にして、ハチだけを選別するように進化をする。

そして、ハチはますます、その構造を得意とするように進化をする。

このように、**花とハチとは、ともに進化を遂《と》げてきた**のだ。

こうしてホトケノザは、ハチだけに蜜を与えることに成功した。

しかし、問題は残る。

ホトケノザ

ホトケノザはハチのために、たっぷりの蜜を用意した。ただし、蜜が豊富にあると
ハチがそこに居座ってしまうかもしれないのだ。
ハチが花から花へと飛び回って、はじめて花粉が運ばれる。ハチを呼び寄せた後は、早く立ち去って、次の花へと飛んでいってもらわなければならないのだ。

どうすれば、やってきたハチを立ち去らせることができるのだろうか？

これは難問である。

花とハチの関係は、まだまだ謎《なぞ》が多い。ただ、**ホトケノザは蜜の量をばらつかせているこ**とが知られている。

子どもたちが、花の蜜を吸おうとすると、ときどき蜜の少ない外れがある。

花によって、蜜が少なかったり、蜜が多かったりする。するとハチは、「もしかすると、隣の花の方が蜜が多いかもしれない」と、考えることだろう。

ホトケノザの作戦の巧みなところは、どれが当たりかわからないところである。

もし、ハチが当たりの花にいたとしても、「もしかすると隣の花の方が蜜が多いかもしれない」と思う。そして、頭のよいハチは、花から花へと当たりを探して飛び回るのである。

ハチの頭のよさを逆手に取った作戦といえるだろう。

花とハチの関係には、まだふしぎなことがある。

ホトケノザにやってきたハチは、次もホトケノザの花を選んで、花粉を運んでいく。しかし、ハチにとってみれば、どの花に行こうと勝手だ。わざわざホトケノザの花に飛んでいく義理はない。

それなのに、どうしてハチは、ホトケノザからホトケノザへと飛び回り、花粉を運ぶのだろう。

ホトケノザの蜜にたどりつくためには、テストをクリアする必要があった。同じ花へ行けば、同じしくみで蜜を得ることができる。過去問とまったく同じ問題が出る入学テストのようなものだ。

もちろん、ハチに花粉を運んでもらう植物は、他の種類の植物も似たような構造をしてはいる。つまりは、類似の問題だ。しかし、それを解いたからといって、確実にたっぷりの蜜がある保証はない。それよりも、たっぷり蜜があることがわかっているホトケノザの花を選んだ方が確実である。

そのため、ハチは同じ花を好んで飛び回るのである。

これもハチが頭のよい昆虫だからこそ、その賢さを逆手に取った作戦だ。

もちろん、ハチにとってみても、たっぷりの蜜を報酬《ほうしゅう》としてもらっているのだから、悪い話ではない。利用されているとわかっていても、ホトケノザを回ることをやめることはないだろう。まさに win-win の関係である。

ホトケノザは動くことができない。自分の力では花粉を運ぶこともできない。しかし、何の問題もない。頭のよいハチと組めばよいというだけの話なのだ。

ホトケノザに学ぶ

タッグを組むなら「頭のよい相手」を選ぶ

「ドンくさい昆虫」も賢く活用

セイヨウカラシナ（アブラナ科）

ホトケノザの話で紹介したように、頭のよい昆虫であるハチは、同じ種類の花を識別することができる。

これは昆虫に花粉を運んでもらう植物にとっては、極めて都合がよい。

しかし、問題もある。

ハチを呼び寄せるためには、たっぷりの蜜を用意しなければならない。つまりコストが掛かるのだ。

しかも、他の花もハチを呼び寄せようと蜜を用意するから、競争相手も多い。こうなるとサービス合戦だ。せっかく蜜を用意しても、他の花にハチを取られてしまう恐れもある。

ハチは優秀な昆虫だが、ハチだけに頼るのは、リスクも高いのだ。

それでは、誰と組むべきか？

使いやすい昆虫がいる。

それが**アブ**である。


アブというと、血を吸う大型のウシアブを思い浮かべる人もいるかもしれないが、小型のアブの仲間の中には、ハチと同じように花を訪れるものも少なくない。

もっとも、アブの仲間が蜜にありつけることは少ない。蜜をたっぷり用意した花は、ハチだけが蜜にありつけるような複雑な構造を発達させている。そのため、アブの仲間は排除されてしまうのだ。

アブの仲間が花を訪れるのは、花粉をエサにするためである。

アブは、蜜がなくても花にやってくる。植物からすると、ハチのために蜜を用意することに比べれば、花粉だけを用意することはずっと低コストだ。

しかし、大きな問題がある。

頭のよいハチは、花の種類を識別して、同じ花に花粉を運んでくれる。そのため、植物は受粉して、種子をつくることができるのだ。

ところが、アブはこれができない。

花の種類はおかまいなしに、手当たり次第に飛んでいく。

これは、植物にとっては、都合が悪い。同じ花に花粉が運ばれなければ、受粉して種子をつくることができないのだ。

どうすれば、アブに同じ花を回らせることができるだろうか？

じつはアブには、もう一つ欠点がある。

ホトケノザの話で紹介したように、ハチは遠くへ飛ぶ能力に優れている。対して、アブはハチに比べると飛ぶ能力で劣るのだ。

セイヨウカラシナは菜の花と呼ばれる植物の一つであるが、勝手に広がっている雑草でもある。菜の花の仲間は、花びら四枚の単純な形をしている。これはハチではなく、アブに花粉を運んでもらう花の構造である。アブに花粉を運んでもらう植物には、共通した特徴がある。

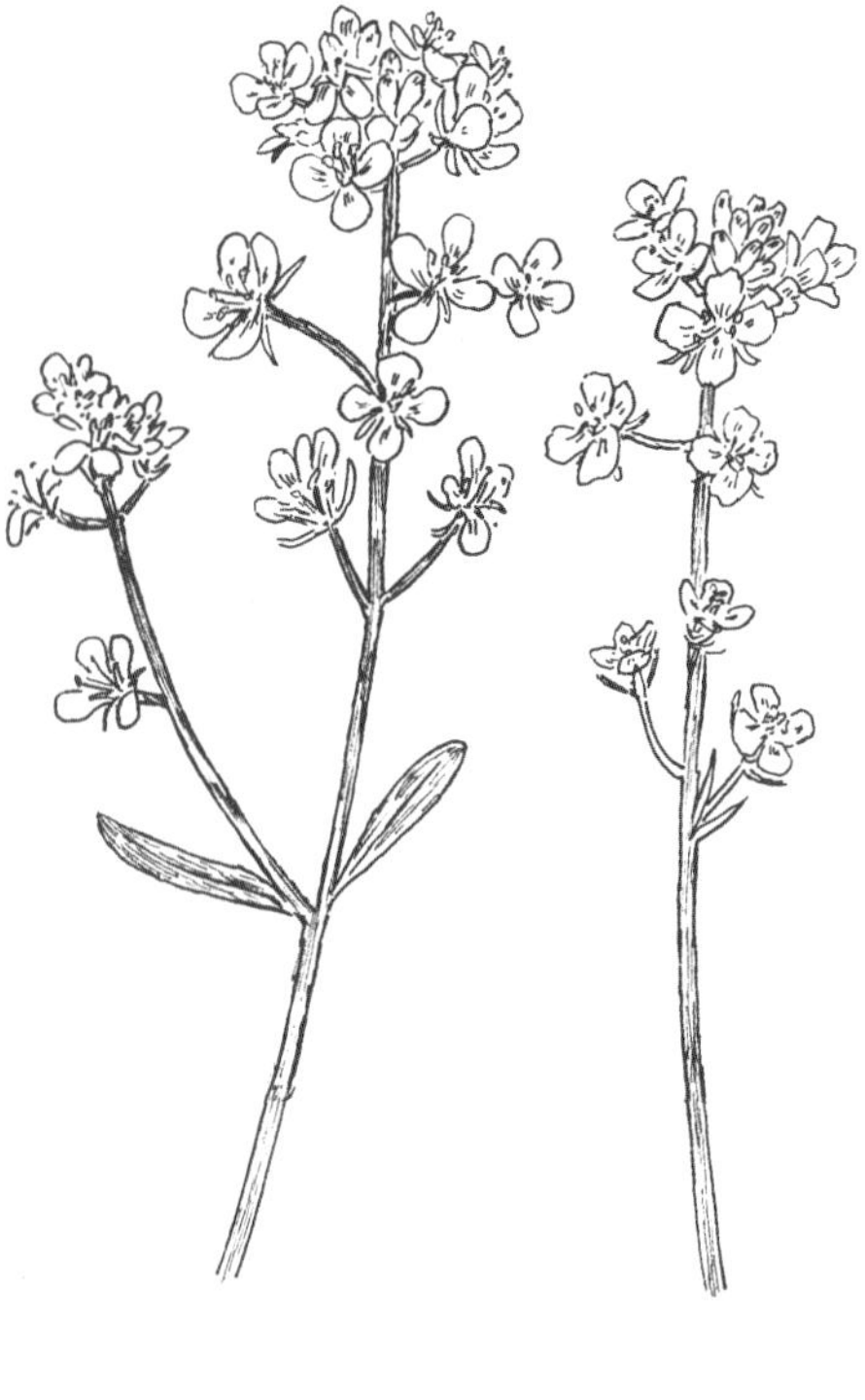

セイヨウカラシナ

それは、「集まって咲く」ことである。

飛ぶ能力が劣るアブに花粉をどう運ばせるか

集まって咲いていれば、アブがやたらと飛び回っても、同じ花を回ることになる。しかも、アブは飛ぶ能力が劣っているから、遠くへ飛ぼうとはしない。近くに花が集まって咲いていれば、近くの花を回ることだろう。

菜の花の中には、アブラナのように、人間に栽培《さいばい》されてお花畑をつくるものもある。しかし、セイヨウカラシノは雑草であっても、集まって咲いて、お花畑をつくる。

アブはハチに比べると賢いとはいえない。しかし、それを嘆いても仕方がない。工夫さえすれば、アブにはアブのよさがあるのだ。

セイヨウカラシナに学ぶ

「相手の欠点」をうまく生かせないか考えてみる

レッドオーシャンを避ける生き方

ニホンタンポポ（キク科）

タンポポはアブに花粉を運んでもらう。そのため、春にお花畑をつくる。

そう聞くと、「集まって咲かずに、ポツンと咲いているタンポポもあるではないか」と思う人もいるだろう。

じつは、集まって咲くタンポポと、ポツンと咲くタンポポは別の種類である。一株で咲いているのはセイヨウタンポポという種類なのだ。

タンポポには古くから日本にある**ニホンタンポポ**と、明治時代以降に海外から日本にやってきた外来の**セイヨウタンポポ**とがある。

ニホンタンポポは、アブの助けを借りて受粉をする。これに対してセイヨウタンポポは、昆虫の助けがなくても、自分一株だけで種子をつくる能力を持っている。つまり自家受粉ができる。そのため、ポツンと一株だけ咲いていても、しっかりと種子をつくることができるのだ。

他にも違いがある。

ニホンタンポポは春にしか咲かない。これに対して、セイヨウタンポポは季節を問わず、一年中花を咲かせることができる。そのため、何度でも繰り返し花を咲かせて、種子をつくり続けることが可能なのである。

春にだけ咲き、昆虫の力を借りて受粉するニホンタンポポと、一年中花を咲かせ続け、たった一株でも種子をつくるセイヨウタンポポとでは、どちらが優れているだろうか？

この比較だけを見ると、昆虫の力を借りずに自力で種子をつくれ、しかも一年中花を咲かせるセイヨウタンポポの方が優れているように見える。しかし、そうだと言い切れないところが、自然界の面白いところだ。

それでは、種子を比較してみるとどうだろう。
セイヨウタンポポは、ニホンタンポポよりも一つの花あたりの種子の数が多い。しかも種子は小さくて軽いので、より遠くまで飛ばすことができる。

数が少なく、大きくて移動距離の短いニホンタンポポの種子と、数が多く、小さくて移動距離の長いセイヨウタンポポの種子は、どちらがより優れているだろう?

種子の特徴を見ても、セイヨウタンポポの方が優れているように見える。
しかし実際には、そうとも言い切れない。
これはいったい、どういうことなのだろう。
じつはニホンタンポポには、セイヨウタンポポにはない優れた特徴があるのである。
それは、**夏になると葉っぱが枯れてしまう**という特徴である。
どうして夏に枯れてしまうことが、優れた特徴なのだろうか?

冬眠ならぬ「夏眠」で負け戦を回避

古くから日本に自生《じせい》するニホンタンポポは、日本の自然を知り尽くしている。日本の夏は高温多湿である。何もなかった空き地も、あっという間に雑草が伸びて、うっそうとしてしまう。大きな草が生《お》い茂《しげ》る場所では、小さなタンポポは光合成をすることができない。一年中花を咲かせるセイヨウタンポポは、この夏の時季にも無理に花まで咲かせようとするから、競争に負けて生存できなくなってしまうのだ。

それに対して、ニホンタンポポは根だけを残して自ら葉を枯らす。そして、他の植物が生い茂る夏の時季をやり過ごすのだ。ヘビやカエルが土の中で冬を過ごすことを**「冬眠」**というように、ニホンタンポポが土の中で夏をやり過ごすこの現象は**「夏《か》眠《みん》」**と呼ばれている。

そして秋が訪れ、夏に生い茂っていた草が枯れる頃になると、ニホンタンポポは再び葉を伸ばし始める。そして冬を越して翌春に花を咲かせるのである。

じつは**他の植物が生い茂るような場所では、春にだけ咲くニホンタンポポの方が優**

れているのだ。

一方、**セイヨウタンポポは、都会の道ばたのような他の植物が存在しない場所に適している**。何しろ、たった一株で種子をつくることができるのだ。また、他の植物に邪魔をされることはないから、一年中花を咲かせて次々に種子をつくることができるのである。

もっとも都市の道ばたのような環境は、植物が育つための土が少ない。種子が生存できる場所にたどりつく可能性は高くないから、たくさんの種子を広範囲にばらまかなければならない。

それに対して、ニホンタンポポは自然が豊かな場所に生えている。はるか遠くまで種子をばらまくよりも、周辺に種子を飛ばした方が生存の可能性が高い。しかも、周囲にはライバルになる植物が芽生える可能性があるから、競争力の高い芽生えを残すためには、種子は大きい方がよい。

たくさんの種子を生産しようとすれば、一個あたりの種子サイズは小さくなる。一方、種子サイズを大きくしようとすれば、生産できる種子の数は少なくなる。

ニホンタンポポ

その中でニホンタンポポは大きな種子を選択し、セイヨウタンポポは小さな種子を選択しているのである。

現在、セイヨウタンポポはその勢力を拡大し、ニホンタンポポはその分布を減らしている。そのため、セイヨウタンポポが蔓延《まんえん》することでニホンタンポポを駆逐《くちく》しているようにもいわれるが、それは正しくはない。

ニホンタンポポとセイヨウタンポポは、それぞれ得意とする場所が異なる。

ニホンタンポポは日本の自然が豊かな場所を得意とし、セイヨウタンポポは日本の自然がない場所を得意とする。

セイヨウタンポポが増えて、ニホンタンポポが減っているとすれば、それは日本の自然が失われているということにほかならないのだ。

「寒い冬に力を蓄えた植物」だけの特権

ニホンタンポポの戦略は、**「ずらす戦略」**である。

一般に日本の植物は春に芽を出して、夏に生い茂り、秋に枯れていく。ニホンタンポポは、他の植物が謳歌《おうか》している夏の時季を巧みにやり過ごしているのだ。

しかも、他の植物が枯れている冬の間に葉を広げ光合成をして栄養を蓄え、他の植物が大きくならない春に花を咲かせるのである。


じつはニホンタンポポがアブをパートナーとして選んだ理由も、まさにここにある。**アブは気温が低い時季に活動することができる**ので、ハチが活動を始めるよりも早い時季から飛び始めるのである。

また、**アブは黄色い花を好む**性質がある。

そのため、早春に花を咲かせる植物は、アブが好む黄色い色をしていたり、集まって咲いてお花畑をつくったりする。

このように**早春に咲く植物は、他の植物との競争を避ける「弱い植物」**であることが多い。じつは、ニホンタンポポもまた、競争に弱い植物である。
他の植物に先駆けていち早く咲く弱い植物たち。これらの植物の共通点は何だろうか？

それは、**冬の間に葉を広げている**ということである。

まだ寒い頃に花を咲かせて、私たちに春の訪れを感じさせてくれる花々は、必ず冬の間も葉を広げていた植物たちである。

こうして寒い冬に、しっかりと準備をして力を蓄えた植物だけが、春に花を咲かせることができるのである。

ニホンタンポポに学ぶ

タイミングを「ずらす」ことで過酷な競争から抜け出す

鮮やかなブルーに秘された「巧妙な手口」

ツユクサ（ツユクサ科）

アブは、春の早いうちから活動し、黄色い花を好む。

そのため、アブに花粉を運んでもらう植物は、早春に黄色いお花畑をつくるものがほとんどだ。

ツユクサはアブに花粉を運んでもらう植物である。ところが、ツユクサの花は、鮮やかな青色をしている。しかも、咲くのは夏の朝である。アブに花粉を運ばせる他の植物とは、あまりに特徴が異なるのだ。

しかし、ツユクサの花は、じつに合理的で無駄がない。

じつは、ツユクサの雄しべは、黄色い色をしている。黄色と補色関係にあるのは、青色である。そのため、**青色の花びらをバックにした黄色の雄しべはとても目立つ**のだ。黄色い花を好むアブにとってみれば、なおさらである。

ツユクサが夏の朝に咲くのにも意味がある。

春は、アブを呼ぶ花が多い。つまり、ツユクサにとって競争相手が多いのだ。これに対して、夏になると花が少なくなる。夏になると暑すぎてハチやアブなどの昆虫の動きは鈍くなるので、春に比べると夏に咲くことのメリットが少ないのだ。しかしながら、ハチやアブがまったく活動しないわけではない。そして彼らが行動するのは、朝の涼しい時間である。そのため、**ツユクサは夏の朝だけ咲く**のだ。

それにしても、ふしぎなことがある。

他の花は、黄色い花びらでアブを呼び寄せる。

これに対して、ツユクサは青い花びらで、黄色い雄しべを際立《きわだ》たせている。

考えてみてほしい。蜜を与えて花粉を運ばせる花と異なり、アブに花粉を運ばせる植物は、花粉を運ばせるために、大切な花粉をエサとして与えている。もし、花粉をたくさん食べられれば、あまりにロスが大きいし、花粉をすべて食べられてしまえば種子を残せなくなるリスクも抱えている。

どうしてツユクサは、雄しべを黄色く目立たせるような危険を冒《おか》しているのだろう？

じつは、黄色く目立つ雄しべは、ダミーである。つまりアブを呼び寄せるためのおとりなのだ。

おいしそうな黄色い雄しべを目がけて、アブが飛んでくる。

ところが、黄色い雄しべには、花粉がない。アブが花の奥の方で花粉を探していると、アブの体に花粉がついていく。じつは奥にある黄色い雄しべの手前には、別の雄しべがある。そして、花の奥にアブが頭を向けると、ちょうどお腹やお尻に花粉がつく位置にその雄しべは配置されているのだ。

アブがダミーだと気づいたときには、もう遅い。アブの体には首尾よく花粉がついている。

しかし、ドラマはこれで終わらない。

ダミーであることに気づいたアブは、やがて花粉のある雄しべを探し当てる。そして、花粉をむさぼり始めるのである。

ところが、この花粉のある雄しべも、じつは花粉の少ないダミーである。

ツユクサの花には、さらに二本、花粉をたっぷり蓄えた雄しべがある。そして、その雄しべを花の前方に突き出しているのだ。花から突き出た雄しべは、目立たない色をしている。そして、アブがダミーの雄しべで満足しているうちに、アブのお尻にたっぷりの花粉をつけるのである。

ツユクサの雌しべは、この雄しべと同じように突き出ている。そのため、アブが次の花を訪れれば、お尻についた花粉は、次の花の雌しべに受粉するようになっているのだ。

何とも巧妙な手口である。

自殖――「セカンドベスト」の手札

しかし、ドラマはまだまだ終わりではない。

ツユクサ

暑い夏に活動する昆虫は少ない。

こんなに巧妙に準備していても、アブが訪れないかもしれないのだ。

そのとき、ツユクサはどうするだろうか。

花が咲き終わろうとするとき、花の中央に突き出ていた雄しべと雌しべは内側に曲がっていく。このとき、突き出ていた二本の雄しべの花粉が雌しべに付着する。こうして自分の花粉で受粉する**自殖**《じしよく》をするのである。

もちろん、他の花と交雑することがベストな方法である。しかし、種子を残せなかったら元も子もないから、アブに頼りすぎるのもリスクが大きい。そのため、**ツユクサは確実に種子を残すセカンドベストな方法も持っている**のである。

他殖と自殖は、どちらもメリットとデメリットがある。

何が起こるかわからないのだから、選択肢は多い方がいい。そして、どちらか一方を選ぶことなく、選択肢は最後の最後まで捨てない。それが雑草の戦略なのである。

ツユクサに学ぶ

「次の次の次」を考え、選択肢は最後まで捨てずに持っておく

「いつ耕されるかわからない環境」を巧みにサバイブ

スズメノテッポウ（イネ科）

109ページで詳しく説明するが、自分の花粉が自分の雌しべに付着して「自殖」すると、遺伝的に弱い子孫が生まれる「自殖弱勢《じゃくせい》」が生じてしまう。そのため植物は、自殖しないような工夫を苦労して発達させている。

それにもかかわらず、雑草の中には「自殖」するものがある。

どうしてなのだろう。

じつは、自殖にはメリットも多い。

もっとも大きなメリットは、**確実に子孫が残せる**ことにある。

他の花と花粉を交換する他殖が望ましいとはいっても、花粉を運んでくれる昆虫がやってこなければ種子を残すことができない。しかし、自分の花粉を自分の雌しべにつけるだけであれば、確実に種子を残すことができる。

また、**コストが削減できる**というのも大きなメリットだ。自分の花粉を自分の雌しべにつけるだけだから、花粉が少なくても確実に受粉できる。あるいは、昆虫が来なくてもよいのだから、花びらに投資して花を目立たせたり、たっぷりの蜜を用意したりしなくてもいい。節約した分だけたくさん種子をつくることができるかもしれない。

自殖には、魅力的なメリットも多いのだ。

しかし、自殖には自殖弱勢のリスクがある。雑草は大丈夫なのだろうか。

進化の過程で、雑草は過酷な環境で生き延びてきた。昆虫がやってこないような環境もあったし、仲間から孤立して他殖できないときもあった。そんな中で、雑草はやむにやまれず禁断の自殖を行なってきたのだ。

もちろん、自殖弱勢も発生する。自殖をすると、場合によっては致死遺伝子が蓄積して、死に至ることもある。それでも、雑草は自殖をせざるをえなかったのだろう。

やがて自殖を繰り返す中で、自殖弱勢を起こしたり、致死遺伝子が蓄積したりしたものは、自然と淘汰《とうた》されたりして滅《ほろ》んでいった。そして、おそらくは生き残ったわずかな個体が子孫を増やしていった。こうして、自殖が可能な雑草たちが生まれていったと考えられている。

特に、昆虫が少なく、仲間の雑草も少ない都市環境に生える雑草は、自殖を発達させていることが多い。

しかし、これだけ魅力的であっても、多くの植物が自殖を避けている。**自殖を行なうと子孫の多様性が失われてしまうリスク**があるからだ。

色々な特徴を持った個体が集団を形成しているからこそ、どんな環境の変化があっても集団として生き残ることができる。野生の植物にとって「多様性」は、極めて重要である。そのため、多くの植物はリスクがあっても、コストが掛かっても、他殖によって、子孫を増やす方を選択しているのである。

他殖と自殖の「両掛け」で逆境を乗り切る

自殖は短期的にはメリットが大きいが、長期的には大きなリスクがあるのである。

「自殖が可能」ということは、他の植物にはない、雑草の大きな利点である。しかし、自殖だけでは集団を維持していくことができない。そのため多くの雑草は、自殖もできるが同時に他殖も行なう「両掛け戦略」を取っている。

スズメノテッポウという雑草も、自殖と他殖を巧みに使い分けている。

スズメノテッポウは田植え前の春の水田《すいでん》に生えるものと、春から初夏にかけて畑に生えるものとがある。

雑草にとっては、水田も畑も「耕される」という大きな変化が起こる場所である。しかし、水田は耕したり、水を入れたりする時季は決まっている。冬の後に春が来るのと同じように、それは予測できる変化である。

一方の畑は、何を栽培するかによって耕す時季や管理方法はさまざまである。人間の予定など、雑草にはうかがい知ることはできないから、雑草にとっては予測不能な環境が起こる場所である。つまり、雑草にとっては、畑の方がより困難な場所なのである。

自殖は、確実に子孫が残せるし、コストも掛からない。短期的にメリットがある。

スズメノテッポウ

他殖は、不確実性も高く、コストも掛かる。しかし長い目で見れば多様性を維持できるというメリットがある。

それでは、予測不能な変化が起こる畑で、スズメノテッポウは他殖と自殖のどちらを選択しているだろうか？

じつは、水田のスズメノテッポウは自殖をするのに対して、畑のスズメノテッポウは他殖の方を選択している。

何しろ予測不能ということは、何が起こるかわからない。その困難を乗り越えるためには、たとえコストが掛かったとしても多様性を保つことが大事だとスズメノテッポウは判断しているのだろう。

そのため、コストを掛けて、他殖する方を優先しているのである。

スズメノテッポウに学ぶ

「長い目」で見て多様性を確保しておく

「秘すれば花」をまさに実践!?

ミゾソバ（タデ科）

植物は目に見えない地面の下でも、さまざまな生長を遂げている。

たとえば、目には見えなくても根っこを張りめぐらせているし、地下茎という地下を伸びる茎を伸ばすものもある。あるいは、芋《いも》や球根をつくってみたりもする。

さらに、である。

驚くことに、地面の下に花をつけるものもある。

地面の下の「見えない花」にどのような意味があるのだろう?

すでに紹介したように、雑草の花の多くは「他殖」と「自殖」の両方を行なえるような進化をしている。

さらに、他殖と自殖とで花を分けているものもある。

たとえば、**スミレ**は、ハチなどの昆虫が盛んに飛び回る春には、私たちがよく知る紫色の花を咲かせる。これは昆虫を呼び寄せる他殖のための花である。

ところが、夏が近づいて気温が高くなってくると、暑いのが苦手なハチなどの昆虫の活動は鈍くなる。そこで、花が開くことなく、蕾のままで自殖する**「閉鎖花《へいさか》」**という特異的な花をつける。

閉鎖花は虫を呼び寄せる必要がないので、緑色でほとんど目立たない。そのため、スミレの閉鎖花に気がつく人は少ない。こうしてスミレは、人知れず閉鎖花をつくって、確実に子孫を残しているのだ。

昆虫が来ないなら地中に花を咲かせてしまえ

そして、**どうせ昆虫が来ないのであれば、地中に花をつけてもよいのではないか、**という発想で進化をする雑草もある。

水辺に生える**ミゾソバ**は、その例である。

ミゾソバはピンク色の花が特徴的だ。しかし、私たちが知る、よく目立つこの花は昆虫を呼び寄せる他殖のための花である。

ミゾソバはそれに加えて、地面の下にも閉鎖花をつける。昆虫が来るわけではないから、地面の下にあっても問題ないのだ。

しかし、自殖用の花を地面の上に咲かせてもよさそうなものなのに、どうしてわざわざ地面の下に花をつけるのだろう。

おそらくは、大切な種子を地上の害虫から守るためという理由もあるのだろう。

ただし、地面の下につくった種子は、他の種子のように遠くに散布することができない。これは、問題ないのだろうか。

もちろん、心配無用である。

自殖でつくられた種子は、親とよく似た性質を持っている。そのため、親が生えていた場所でそのまま芽を出す方が有利になるだろう。そう考えると、遠くに移動しないように土の中に種子をつくった方が確実なのだ。

一方、他殖によってつくられた種子は、親とは異なる性質を持っている。そのため、

ミゾソバ

親とは違う新しい土地にチャレンジしても成功できる可能性が高い。そのため、ミゾソバの地上にできた種子は、水に流されて遠くへ散布されるようになっているのである。

自分と異なる種子も、自分と似ている種子も、それぞれ得意と不得意がある。まさに**「適材適所」**がミゾソバの戦略なのである。

ミゾソバに学ぶ

「適材適所」を実践すれば生き残る可能性が上がる

あえて「暗い夜」に咲く深謀遠慮

マツヨイグサ（アカバナ科）

マツヨイグサは、夜に花を咲かせる雑草である。

マツヨイグサは**「待宵草」**と書く。夕暮れになるのを待って咲くことから、そう名付けられた。

あるいは、**「月見草」**という別名もある。

ツキミソウという正式名の植物は他にあるが、マツヨイグサは「月見草」の別名でよく知られている。

ドイツ語では「ナハト・ケルチェ」と呼ばれる。これは「夜のロウソク」という意味である。

この名のとおり、マツヨイグサの花は、暗い闇の中に鮮やかに浮かび上がる。

それにしても、ふしぎである。

夜に咲くことに、どんなメリットがあるというのだろう？

夜は、さまざまな生き物たちが眠る時間である。

花粉を運ぶハチやアブなどは、昼の間に行動する。そのため、多くの花々は昼間に花を咲かせているのである。

ただし、昼間は活動している昆虫も多いが、咲いている花も多いから、昆虫をめぐる競争も激しい。

そこでマツヨイグサは、加熱する競争を避けて、**競争相手の少ない夜に咲く道を選んだ**のだ。

スズメガを引き寄せる「妖しい色香」

夜は昆虫の数も少ないが、ライバルとなる花も少ないので数少ない虫を独占できるのである。マツヨイグサはスズメガという蛾《が》に花粉を運んでもらっている。

もちろん、暗い夜にスズメガを呼び寄せるには工夫がいる。

マツヨイグサの花は**黄色い蛍光色**をしている。黄色い蛍光色は暗いところでも目立つ色である。幼児用の傘や、自転車の反射テープが黄色をしているのも暗いところで目立つためだ。

だが、目立つとはいっても、夜は視界が悪い。

だから、マツヨイグサはその美しい花色だけでなく**強い香り**を放ち、スズメガを呼び寄せている。

ただし、解決すべき課題はある。

スズメガはホバリングをして空中に静止しながら、花にとまることなく、長いストローのような口で蜜を吸う。そのため、スズメガの体に花粉をつけるのは簡単ではないのだ。

そこでマツヨイグサは、雄しべや雌しべを長く伸ばしている。しかも、**花粉はすべて花粉糸という糸でつながっていて、スズメガの体に一粒でも花粉がつけば、すべて**

マツヨイグサ

連なって運ばれるしくみになっている。

「人の行く　裏に道あり　花の山」といわれる。

夜咲く花にも意味がある。

何事も他人と同じであることがよいとは限らない。

他と違うことにこそ価値があることも多いのだ。

マツヨイグサに学ぶ

「人の行く　裏に道あり　花の山」——他と違うことに価値を見出す

Column

あえて「雄株」と「雌株」に分かれる戦略

当たり前と思っていることの中にも、ちゃんと理由がある。

私たちにとって当たり前の世界も、小さな子どもにとっては、ふしぎであふれているのだろう。そんなふしぎに寄り添ってみるのも楽しい。

「人はどうして生きているの？」

「宇宙はどこまで続いているの？」

小さな子どもの素朴な質問は、世界の真理を問うている。そして、それは現代の科学をもってしても説明できない謎でもある。私たち大人は、その謎を考えないようにして暮らしているだけなのだ。

子どもたちの質問に専門家が答えるラジオの電話相談を聞いていたときのことであ

る。男の子がこんな質問をした。

「どうして、男の子と女の子がいるの?」

あなたなら、どう答えるだろう。

どうして、男の子と女の子がいるの?

何でもわかりやすく答えてくれる専門家の先生方も、これには困ったようだ。

「X染色体とY染色体ってわかるかな」と一生懸命、説明していたが、幼い子どもにそんなことがわかるはずもない。

そもそも「どうして?」という場合、二つの問いがある。

一つは「HOW?(どのように)」ということである。どのようにして、男性と女性とができるのかという理由は、X染色体とY染色体で説明できる。

もう一つは「WHY?(なぜ)」である。なぜ、人間には男と女がいるのだろう。男と女が分かれていることに、どのような意味があるというのだろう。

男の子の質問は、もちろん後者である。しかし、なぜ、世の中には男と女がいて、生物にはオスとメスとがあるのか、その理由はじつはよくわかっていない。

しどろもどろの会話が続いた最後に、ラジオのお姉さんが男の子にこう語りかけた。

「君は、男の子だけで遊ぶのと、男の子と女の子とで一緒に遊ぶのは、どちらが楽しいかな？」

「男の子と女の子で遊ぶ方が楽しい……」

「そうだよね、だからきっと男の子と女の子がいるんだね」

そんなお姉さんの説明に、男の子は「うん」とはじけるような元気な声で返事をして、電話を切った。

このお姉さんの回答は、じつに正鵠《せいこく》を射ている。男の子だけよりも、男の子と女の子がいた方が、多様性が生まれる。そして、世界はより豊かになり、そして「楽しく」なったのである。

生物の進化をみると、生物はもともと単純に分裂を繰り返すだけの単細胞生物だった。そこに多様性はない。

多様性を生み出すためには、遺伝子を交換することが必要なのである。

もちろん、ランダムに遺伝子を交換することもできるが、それではせっかく遺伝子を交換しても、よく似たタイプと交換してしまうリスクがある。そこで、明らかに異なる二つのタイプに分けたのが、オスとメスなのである。

そのため、多くの生物にはオスとメスとがあり、私たち人間には男と女がいる。

しかし、ふしぎなことがある。

人間は男性という個体と、女性という個体がある。

ところが、植物は一つの花の中に雄しべと雌しべの両方を持つものが多い。

これはどうしてなのだろう。

どうして植物は、オスとメスを併《あわ》せ持っているのだろう？

じつは動物の中にも一つの体の中にオスとメスとを併せ持っているものがいる。

たとえば、カタツムリやミミズがその例である。

カタツムリやミミズは、一つの体の中にメスの生殖器とオスの生殖器がある。つまり、**雌雄同体**《しゆうどうたい》なのである。

どうして、カタツムリやミミズはオスとメスを併せ持つという奇妙な体をしているのだろうか。

カタツムリはゆっくりとしか進めないため、移動範囲が狭い。そのため、オスとメスとが出会うチャンスが少ないのだ。そこで、他の個体と出会ったときには、個体の性別にかかわらず、交尾をして子孫を残すことができるようになっているのである。土の中で暮らしているミミズも移動範囲が限られている。そこで、カタツムリと同じように性別にかかわらず、出会った個体と交尾できるようになっているのである。

花粉を持ち去ってほしい雄しべ、花粉を運んできてほしい雌しべ

それでは、植物はどうだろう。

植物はまったく動くことができない。移動距離が小さいというミミズやカタツムリほども、動くことはできない。

遠く離れた植物と植物とが、直接に会うことはできない。

植物と植物の出会いをつくるのは、花粉を媒介《ばいかい》する昆虫である。もし、雄花《おばな》と雌花《めばな》

に分かれていたとすると、雄花から花粉を運んできた虫が、雄花に飛んできても受粉はできない。また、雌花から雌花へ虫がやってきても、花粉は運ばれない。

このとき一つの花の中に雄しべと雌しべとがあれば、一度、昆虫が花を訪れただけで、花粉を持ち去ってほしいという雄しべの目的と、他の花から花粉を持ってきてほしいという雌しべの目的とが同時にかなうことになるのである。

そのため植物も、一つの花の中にオスとメスとを併せ持つようになったのである。それが、雄しべと雌しべである。

しかしふしぎなことに、植物の中にも動物と同じようにオスの個体とメスの個体が分かれているものがある。

たとえば**イタドリ**という雑草には、雄花だけを咲かせるオスの株と、雌花だけを咲かせるメスの株とがある。

どうしてイタドリは、オスとメスを併せ持たないのだろう？

植物の多くは、一つの花の中に雄しべと雌しべとを持つ。

そもそも同じ花の中に雄しべと雌しべがあるのであれば、他の花と花粉を交換しなくても、自分の花粉を自分の雌しべにつけて受精してしまえばよさそうなものである。

もちろん、そういうわけにはいかない。**生物にオスとメスとがあるのは、多様性を生み出すため**である。自分の花粉を自分の雌しべにつけて自分だけで種子をつくっても、自分と同じような性質の子孫しかつくることができない。

それどころか、もし、ある病気に弱いという弱点があったとすると、自分のすべての子孫にその弱点が受け継がれてしまう。そして、その病気が蔓延すれば、自分の子孫は全滅してしまうことになる。

遺伝的に弱い子孫をつくらないための植物の工夫

自分の花粉を自分の雌しべにつけて子孫を残すと、遺伝的に弱い子孫ができやすくなる。これは**「自殖弱勢」**と呼ばれている。人間では近親相姦《きんしんそうかん》が禁止されているのも同じ理由である。

よって、一つの花の中に雄しべと雌しべを持つ植物は、自分の花粉で受精してしまうリスクを避けなければならない。そのため**植物は、自分の花粉では受精しないようなしくみを持っている。**

たとえば、植物の花は、雄しべよりも雌しべの方が長いものが多い。雄しべの方が長いと、雄しべから雌しべに花粉が落ちてきてしまう。そのため、雌しべの方を長くしているのである。

また、雄しべと雌しべが熟す時期がずれているものもある。たとえば、雄しべが先に熟せば、まだ受精能力のない雌しべに花粉がついても種子はできない。逆に雌しべが先に熟せば、雄しべが花粉をつくる頃には、雌しべは受精を終えている。こうして、時季をずらすことによって、自分の花粉で受精しないようにしているのである。

さらには、花粉が雌しべについた場合には、雌しべの先の物質が花粉を攻撃して、受精を妨げる**「自《じ》家《か》不《ふ》和《わ》合性《ごうせい》」**と呼ばれるしくみを持っているものもある。

このように、自分の花粉がつくリスクを避けるためには、さまざまな工夫を必要とする。だが、このような工夫を凝らしても、そのリスクをゼロにすることはできない。そんな苦労をするのであれば、**いっそのことオスの株とメスの株を分けた方がよい**

というのが、イタドリの戦略なのだ。

しかもイタドリは、地面の下に**地下茎**を伸ばして、株を増やしていく。そのため、苦労をして隣の株と花粉を交換したと思ったら、じつは地面の下でつながっている自分自身だったということも、起こりうる。そのためイタドリは、受精するのは必ず自分以外の株になるよう、動物と同じようにオスとメスが分かれているのである。

当たり前と思っていることの中にも、ちゃんと理由がある。

この世の中のすべてのことに、ちゃんとした理由があるものなのだ。

3章

「新天地」をめざす飽くなき冒険

……動けない雑草は、種子をいかに拡散するか

「踏まれて生きる」粘着気質

オオバコ（オオバコ科）

植物の中には、種子に**「種子ムシレージ」**という粘着物質を持っているものがある。

種子ムシレージには、さまざまな役割がある。たとえば、水を保持して、芽を出した植物の根を保護する役割。あるいは、粘着物質でまわりの土にくっついて、風で飛ばされないようにする役割もある。

これらの役割は、砂漠のように雨の少ないところで有利な形質だ。

日本のような雨の多い地域では、根っこのまわりを水分で覆ったり、風で種子が飛んでいくのを防いだりすることにメリットは少ない。

種子ムシレージを生産するのもタダではないから、費用対効果を考えれば、雨の多い地域で種子ムシレージを生産することは無駄である。種子ムシレージを生産する余裕があるのであれば、種子の数を増やした方が合理的なのだ。

そのため、種子ムシレージは砂漠など乾燥地の植物にはよく見られるものの、日本に生える植物にはあまり見られない。

ところが、である。**オオバコ**という雑草は、古くから日本に自生するにもかかわらず、種子がムシレージを持っている。

どうして、オオバコは一見無駄とも思える種子ムシレージを持っているのだろう？

オオバコは、人間に踏まれやすい場所によく生えている。

オオバコの種子は、雨が降って水に濡れると、ムシレージを滲出《しんしゅつ》して粘着する。

そして、人間がその上を通ると、靴の裏にオオバコの種子がくっつくのである。

タンポポの種子が風で運ばれるように、オオバコの種子は人間に運ばれて移動する。

そして、靴にくっついた種子が移動して落ちた先は、やはり人間に踏まれやすい場所である。

このようにして、オオバコは人の通る道に沿って分布を広げていくのだ。

車のタイヤにくっついて運ばれることもある。

舗装《ほそう》されていない道路では、どこまでも、わだちに沿ってオオバコが生えているのをよく見かける。

オオバコは学名を「プランターゴ」という。これはラテン語で、**「足の裏で運ぶ」**という意味である。

また、漢名では**「車前草《しゃぜんそう》」**という。これも道に沿ってどこまでも生えていることに由来している。オオバコは、世界中の道に広がっているのだ。

そうだとすると、オオバコにとって「踏まれる」とは、どういうことなのだろう？

逆境を利用して「世界中の道」に進出

オオバコにとって、踏まれることは嫌なことではない。耐えることではないし、克服すべきことでもない。

オオバコ

おそらく、道に生えるオオバコたちは、「踏んでほしい」と思っていることだろう。

雑草の基本戦略は、降りかかる困難や逆境を利用して、「具体的に」プラスに変えることである。雑草にとって、逆境はチャンスでしかないのだ。

踏まれる場所は、植物が生長するのに適した場所でないように思える。

踏まれることは、植物にとって、よいことではないように思える。

しかし、プラスに変えられない逆境はない。踏まれることにさえも、利用価値があるのだ。

オオバコの戦略は、それを証明してくれているようだ。

オオバコに学ぶ

どんなときでもプラスに変えられない逆境はない

アリを頼って「まだ見ぬ地」へと旅立つ

スミレ（スミレ科）

石垣の石の間に、**スミレ**が咲いているのをよく見かける。

スミレの種子は、どこからやってきたのだろう。

石垣の間に花を咲かせる植物は、風で種子を運ぶものが多い。タンポポのように風で種子が飛ぶものであれば、石垣の石の間に種子が落ちて芽生えたとしても、ふしぎではないだろう。

しかしながら、スミレの種子はタンポポの種子のように風で飛んでゆくようなことはない。

そうだとすると、ふしぎである。

スミレの種子は、どのようにして石垣の石の間にたどりついたのだろう？

雨水と一緒に、上から流れてきたというのは、どうだろう。

それは十分にありうる話である。

それならば、石垣の上には種子を落とすようなスミレの群落《ぐんらく》があるのか、といえば、そんなことはない。どうやら、スミレの種子は下から上へと登っているようだ。

どうやって、スミレの種子は移動したのだろう。

種子にまとわせる「アリへのごほうび」

じつは、スミレはアリに種子を運んでもらっている。

スミレの種子には、**「エライオソーム」**という栄養豊富な物質がついている。そして、アリは、エライオソームをエサとするために種子を自分の巣に持ち帰るのだ。

スミレ

しかし、アリの巣は地面の下にある。地中深くへと持ち運ばれただけでは、スミレの種子は芽を出すことができない。だが、もちろん心配は無用である。

アリがエライオソームを食べ終わると、種子が残る。この種子はアリにとっては食べられないゴミなので、アリは種子を巣の外へ捨ててしまうのだ。

このアリの行動によって、スミレの種子はみごとに地上に散布されるのである。

それだけではない。

アリの巣は必ず土のある場所にある。

石垣の間など、わずかでも土がある場所に、スミレの種子は捨てられる。こうして、石垣の間にスミレは芽生えることができるのだ。

野の花のイメージがあるスミレだが、意外なことに都会で見かけることも多い。

街中の道ばたで、アスファルトやコンクリートの隙間にスミレが生えている。これも、都会に生きるアリを巧みに利用しているからなのである。

スミレに学ぶ

都会を生き抜くために、賢く誰かを頼ってみる

簡単には芽を出さない「休眠」戦略

ナズナ（アブラナ科）

じつは、雑草という植物は、育てるのが難しい。

放っておけば勝手に生えてくる雑草が、育てるのが難しいというのも、奇妙な感じがするかもしれない。

しかし、これは本当である。

雑草というのは、つくづく人間の思いどおりにいかないものなのだ。

まず、種子を播《ま》いても簡単には芽を出さない。

野菜や花の種子であれば、土に播いて水をやれば、数日のうちには芽が出てくる。

それが栽培する人間と栽培される植物との約束ごとだからである。

ところが、雑草の場合は種子を土に播いて水をやっても、なかなか芽が出てこない。

雑草は、芽を出すタイミングを自分で決めているのだ。

なかなか芽が出てこないと待っているうちに、播いてもいない別の雑草が芽を出してきてしまったりするから、難しい。

雑草がなかなか芽を出さないのは、**「休眠」**という性質を持つからである。

休眠とは、文字どおり「休んで眠る」ことである。

休眠というと、人間社会では、休眠会社や、休眠口座など、働いていないというよくないイメージがあるかもしれない。

しかし、雑草にとって休眠は、極めて重要な戦略である。

どうして、「休んで眠る」ことが、重要な戦略なのだろう？

休眠は、簡単には芽を出さないという戦略である。雑草にとっては、いつ芽を出すかという発芽のタイミングが、成功を大きく左右する。

たとえば、雑草の種子が熟して地面に落ちたとしても、その時季が発芽に適してい

るとは限らない。たとえば、秋に落ちた種子が、すぐに芽を出してしまうと、やがて

やってくる厳しい冬の寒さで枯れてしまう。また、まわりの植物がうっそうと茂って

いれば、芽を出しても光が当たらずに枯れてしまう。

それだけではない。

雑草の生える場所は、環境の変化が予測不能な場所である。

ただ、季節がきたからと規則正しく芽を出せばよいというものではない。

春になったからといって発芽のチャンスだとは限らないし、いつ劇的なアクシデン

トがあるとも限らない。そのため、全滅するリスクを避けるために、一斉に芽を出さ

ないという工夫も必要となる。

そのため、それぞれの種子が休眠をしながら、チャンスをうかがうようなしくみに

なっているのである。

しかも、気まぐれな人間の振る舞いによって、いつチャンスが訪れるかもわからな

いし、いつ危機が訪れるかもわからない。そのため雑草は、複雑な休眠のしくみを持

ち、発芽のタイミングをみはからったり、ずらしたりしている。

こうして、土の中では、たくさんの雑草の種子が休眠をしている。地上に姿を現わしている雑草は、まさに氷山の一角に過ぎないのだ。

イギリスのコムギ畑の調査では、わずか一㎡あたりの土の中に七万五千粒もの雑草の種子があったそうである。これだけの膨大《ぼうだい》な種子が土の中にあって、発芽のチャンスをうかがっている。

このように土の中でチャンスを待っている種子は**「埋土種子《まいどしゅし》」**と呼ばれ、埋土種子の集団は**「シードバンク」**と呼ばれる。つまりは、「種子の銀行」である。こうして土の中には、雑草の膨大な財産が蓄えられていて、抜いても抜いても、次々に芽を出してくるのである。

全滅を避けるための「だらだら作戦」

ぺんぺん草の別名で知られる**ナズナ**も、後から後からだらだらと発芽してくることで知られている。一斉に芽を出してしまうと、草取りをされたり、除草剤を撒かれたりして全滅してしまう。そのため、発芽の時季をずらしなから危険分散を図っている

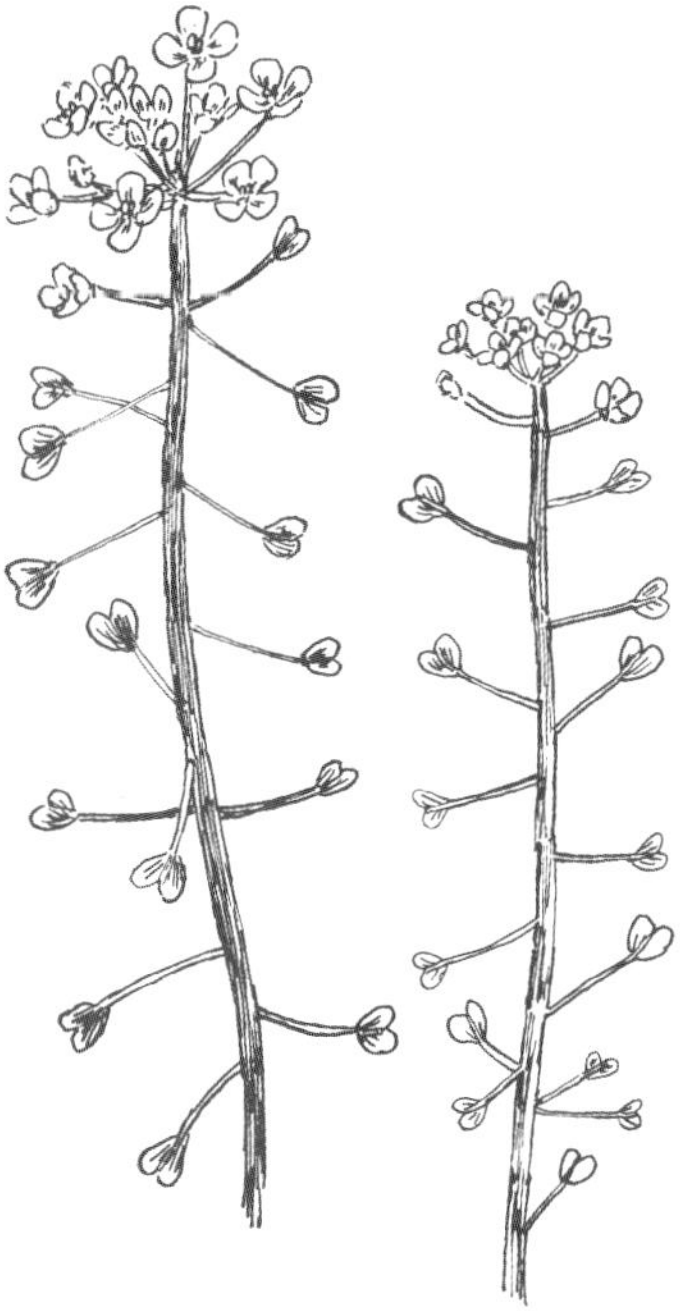

ナズナ

のである。だらだらしていることが大切なのだ。

このように**雑草の種子は、できるだけ「そろわない」ことを大切にしている。**

一方、人間はとかく、そろえたがる。

野菜や観賞用の花の種子は、播けば一斉に芽が出てくる。「どれだけ発芽がそろうか」が重要なのだ。発芽がそろわなければ、生長もばらついてしまうし、収穫の時季や収穫物もばらついてしまう。人間はそれでは困るのだ。

バラバラであるという性質は、人間の世界では「個性」と呼ばれるものかもしれない。そうであるとすれば、雑草の世界は、個性の本当の価値を大切にしているともいえるだろう。

ナズナに学ぶ

一斉を避けて「そろわない」ことで危険分散を図る

ピストル発射のごとき種子散布

カタバミ（カタバミ科）

雑草はどこにでも生えているわけではなく、それぞれが自身の得意な場所に生えている。

たとえば、よく草刈りされる場所には、草刈りされることに得意な雑草が生えている。あるいは、よく踏まれる場所には、踏まれることに得意な雑草が生えている。

雑草の戦略の基本は、「逆境をプラスに変えること」にある。

草刈りされる場所の雑草は、「生長点（細胞の分裂・増殖が活発に行なわれる部分）」が低く、草刈りされてもダメージの少ない形をしているものが多い。そして、草刈りされることでライバルがいなくなったり、さらには、低い位置の生長点への日当たり

がよくなったりして、草刈りされることによって元気になる。（159～165ページ参照）
あるいは、よく踏まれる場所の雑草は、茎を横に伸ばしたり、地べたに葉を広げたりして、踏まれることに対するダメージの少ない形をしているものが多い。そして、靴の裏に種子をつけたりして、踏まれることで繁栄するようなしくみを持っている。（114～118ページ参照）

それでは、「草取りされること」に対してはどうだろう。

よく草取りされる場所では、草取りに得意な雑草が生えてくる。

しかし、刈られたり、踏まれたりするのと違って、草取りされるということは、植物全体が抜かれてしまうということである。そのことによって繁栄するなどありえるのだろうか。

草取りされる場所の雑草は、どのようにして草取りをプラスに変えているのだろう？

カタバミは、よく草取りをされる庭などに生える雑草である。

カタバミは小さなオクラのような形の実をつける。その実の中に種子をたくさんつけているのだ。

その種子の一つひとつは、白い袋に包まれている。この雑草を抜き取ろうと人間が不用意に触れると、その刺激で、この白い袋が反転して種子をはじき飛ばす。そして、バチバチと音を立てながら、種子が飛び散っていくのだ。種子とともにはじけ飛んだ白い袋は、粘着性があり、草取りをした人の衣服に付着する。

草取りをした人が移動するうちに、その人に付着していた種子はやがて衣服から落ちていく。

こうして種子は庭中にばらまかれていくのである。

もちろん、カタバミが実をつけるまでに草取りをすれば問題はない。

しかし、庭に生えたカタバミの多くは、しっかりと実をつけている。

草取りされるような環境で、もっとも必要とされる要素が**「スピード」**である。

このような環境に生える雑草は、芽を出してから花を咲かせて実をつけるまでの期間が短い。

何しろ、草取りされるまでに実をつけなければならない。しかも、気まぐれな人間はいつ草取りをするかわからないから、とにかく一日でも早く実をつける必要があるのだ。

まずは一つでもよいから花を咲かせて実を結ぶ。そして、余裕があれば、もう一つ花を咲かせる。このようにしてカタバミは、茎を伸ばしながら、花を咲かせながら、次々に実をつけていくというスタイルで生長していく。

そのため、まだ十分に生長しきっていないカタバミも、いくばくかの実はつけていることが多いのだ。

抜いても抜いても生えてくる理由

一方で、実をつける前に草取りされてしまうこともあるかもしれない。

それでも、心配はいらない。

草取りされるような環境に生える雑草は、すでに先代が次々に種子をつくり、ばら

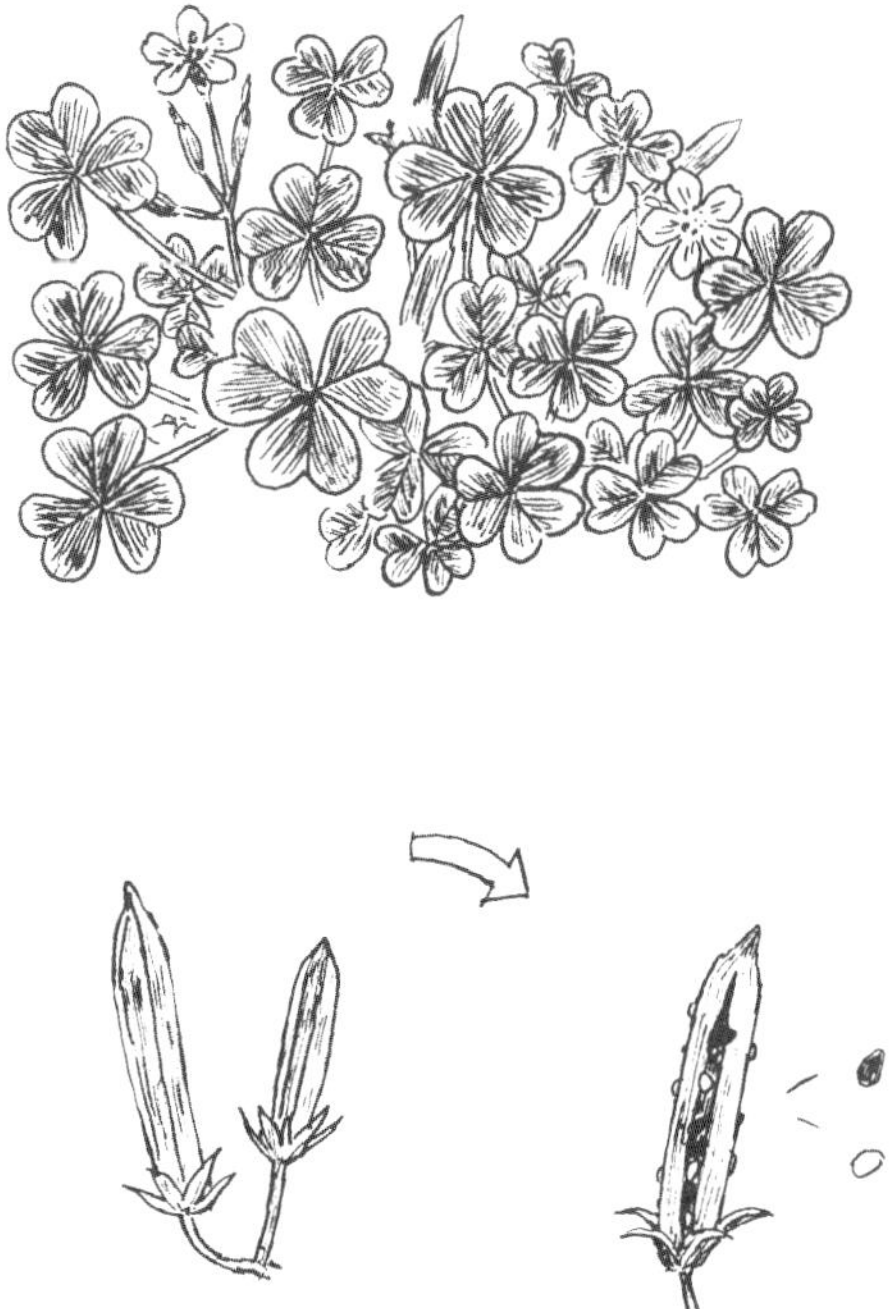

カタバミ

まいている。

それらの種子は、草取りをすると、土とかき混ぜられていく。

こうして、土の中にはたくさんの雑草の種子がためられていくのである。


土の中ではたくさんの種子が次のチャンスをうかがっている。

やがて人間が草取りをする。

草取りをすると土がかき混ぜられて、土の中に光が差し込む。

草が生い茂っていれば土の中に光が当たることはない。土の中にまで光が差し込んだということは、ライバルとなるまわりの草が取り除かれたということになる。小さな草の芽生えにとって、これは千載一遇《せんざいいちぐう》のチャンスである。

そしてチャンスを待っていた雑草の種子は、光が当たったことを合図に一斉に芽を出すのである。

土の中にいた種子にとっては、人間が芽生えの手助けをしてくれたということなのだ。

こうして、草取りをしたはずなのに、数日もすれば、一斉に雑草が生えてくる。

もちろん、光が当たらなかった種子は、そのまま次のチャンスを待つから、シードバンク（126ページ参照）がなくなることはない。

こうして、抜いても抜いても雑草が生えてくることになる。

草取りされることさえも、雑草にとっては、チャンスでしかないのである。

カタバミに学ぶ
「次の種子」を大量に仕込んで待ち構えておく

「スピーディー」かつ「慎重」の二刀流

オナモミ（キク科）

「善は急げ」ということわざがある。

「善《よ》いことは迷うことなく、直ちに実行した方がよい」という意味である。

現代はスピード社会である。チャンスは何度もやってはこない。ぼやぼやしていたらチャンスを逃《のが》してしまう。機会を逃さず機敏な行動に出ることが成功につながるだろう。

一方、正反対の意味を持つ「急《せ》いては事をし損じる」ということわざもある。

これは、「急いで何かを行なうと失敗することが多い」という意味である。

変化のスピードが速い現代は、何が起こるかわからない。行動を起こすリスクも大きいのだ。スピードが速い時代だからこそ、慎重に物事を見極めることが必要なのだ。

「善は急げ」か、それとも「急いては事をし損じる」か、現代は難しい判断を迫られる時代である。

雑草の成功にとっては、タイミングが重要である。

もっとも重要なのが、芽を出す時季である。種子から小さな芽生えの間が、もっともリスクが高いのだ。

想像してみてほしい。

もし、あなたが雑草だったとしたら、どちらを選ぶだろう？

他の植物に先駆けて、早く芽を出す方を選ぶだろうか？　それとも、他の植物のようすを見ながら、ゆっくりと芽を出す方を選ぶだろうか？

つまり、問いはこうだ。

スピードを重視するだろうか、それとも慎重を期すだろうか？

これは愚問だろう。

雑草が生育するのは、予測不能な変化が起こる場所である。

何が起こるかわからないような条件で、どちらが正しいか判断をしようとするのが間違っている。

どちらが正しいかわからないのであれば、どちらか一つを選ばないことが、正解となる。つまり、どちらも持っておくのだ。

「実の中」に秘された性格の異なる二つの種子

私たちにとって、わかりやすい例を見せてくれるのは、**オナモミ**である。

オナモミは、とげとげした実が特徴的である。このとげで、人間の衣服や動物の毛にくっついて、種子が遠くへ散布されるのである。

オナモミの実のとげの先端はカギ状に曲がっていて、衣服の繊維に絡みつくようになっている。直接的なヒントとなったのは他の植物だが、オナモミのような植物のとげの構造は、マジックテープ（面ファスナー）の発明のヒントになったことで知られている。

このオナモミの実を割ってみると、中には長さの異なる二つの種子が入っている。

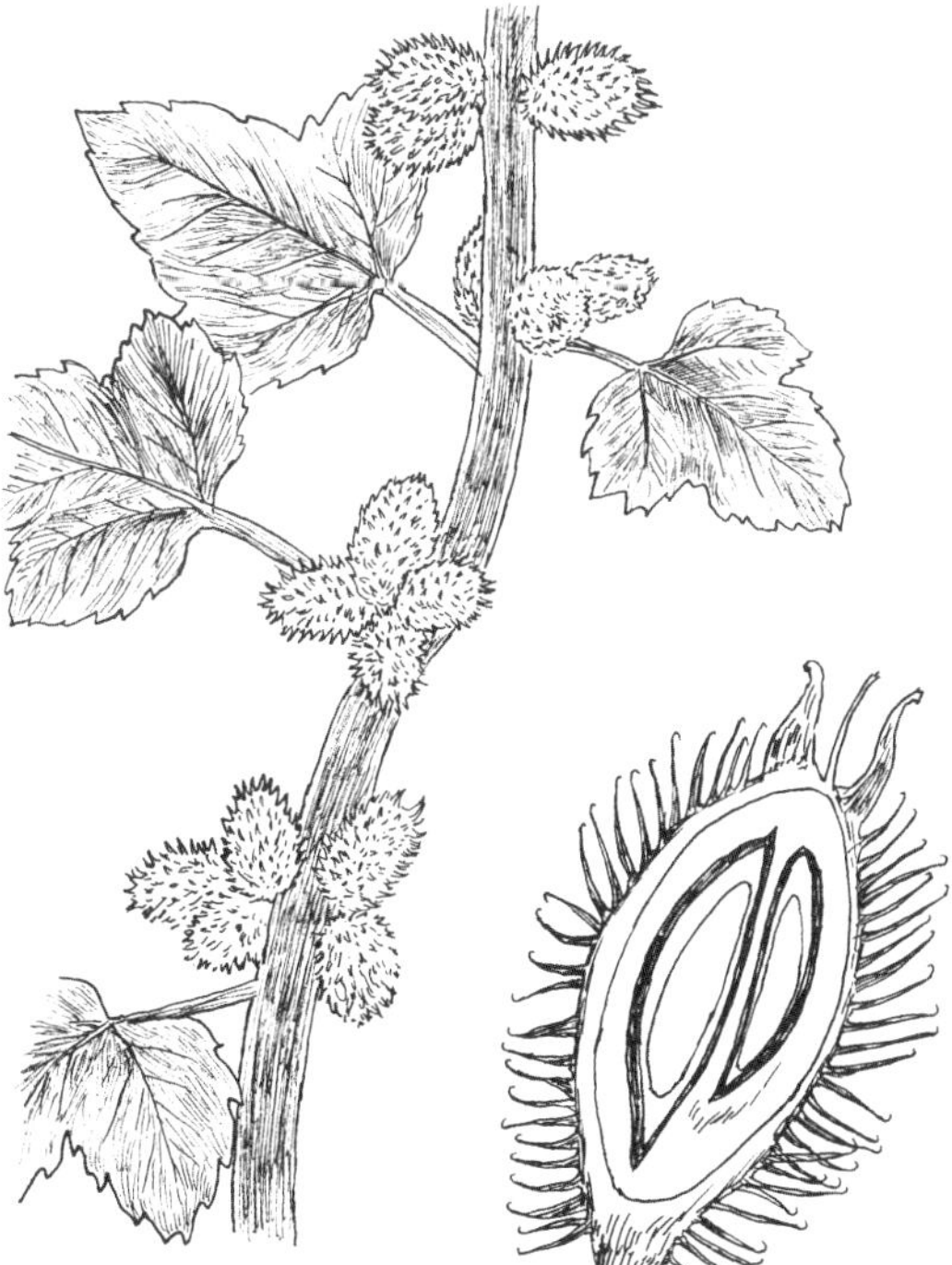

オナモミ

この二つの種子は、性格が大きく異なる。

やや長めの種子は、早く芽を出す種子である。

植物の世界は、光の奪い合いである。わずかでも早く芽を出せば、それだけ早く伸びることができるが、出遅れれば、他の植物の葉の下に甘んじなければならないのだ。

しかし、雑草の世界は何が起こるかわからない。

雑草が一斉に芽を出したところで、耕されるかもしれないし、草取りが行なわれるかもしれない。まさに「急いては事をし損じる」である。

そのときに、短い方の種子が遅れて芽を出してくる。

せっかちで、やることが早い種子と、のんびりしていて、じっくりと事をなす種子。

どちらかが優秀で、どちらかが劣っているということではない、**どちらもあるからこそオナモミは強い**のである。

もっともオナモミは、「早く芽を出す」か「遅く芽を出す」かのどちらか一つを選ばないというだけではない。

たとえば、オナモミにとって、「種子をつくるのをやめておこう」という選択肢はない。

早く芽を出すという成功例もあるだろう。遅く芽を出すという成功例もあるだろう。どちらが成功するかは、条件次第、運次第だが、どちらも十分に成功できる可能性がある。

どちらの条件であっても成功できる「正しい選択肢」を用意して、そして、どちらかを捨てることはしないのである。

オナモミに学ぶ

「どちらかわからない」ときは、どちらにも備えておく

Column

「綿毛のついた種子」の小さなチャレンジ

雑草の種子は、どれほど遠くまで移動するのだろう。

たとえば、高層マンションのベランダでも、プランターに土を入れておくと、雑草の種子が飛んできて発芽する。タンポポの綿毛《わたげ》のような種子は、上昇気流によって高いところまで飛んできて発芽するのだ。

上空一〇〇〇メートル程度の高さであれば、植物の種子が飛んでいることが観察されるというから、中には相当、遠くまで飛んでいくものもあるのだろう。

植物は、さまざまな工夫で種子を遠くまで飛ばしている。

しかし、ふしぎなことがある。

そもそも、どうして植物は種子をばらまかなければならないのだろう？

どうして植物は、種子をばらまくのだろう？

植物が種子を散布するのは、分布を広げるためである。

それでは、どうして分布を広げなければならないのだろうか。

たくさんの種子を生産するのにはコストが掛かるし、遠くへ種子を飛ばしても成功できるとは限らない。

親の植物が種子をつけるまで生育したということは、少なくともその環境もそんなに悪くないはずである。

わざわざ別の場所に種子が移動しなくても、子孫ともども、その場所で幸せに暮らした方がよいのではないだろうか。

植物は、そんなに侵略の野望に満ちた種族なのだろうか。

植物も「親離れ、子離れ」が大切

植物は、大いなる野望や冒険心を抱いて種子を旅立たせるわけではない。植物が種子を散布する理由の一つは、**親植物から離れるため**なのである。

もし、親植物が残っている場所で種子が芽生えた場合、種子にとってもっとも脅威となる存在は、親植物にほかならない。親植物が葉を茂らせれば、そこは日陰になり、やっと芽生えた種子は十分に育つことはできないし、水や養分も親植物に奪われてしまう。

そこで植物は、大切な子どもたちを親植物から離れた見知らぬ土地へ旅立たせるのである。まさに、**植物にとっても親離れ、子離れが大切**なのである。

もちろん、理由はそれだけではない。一年草《いちねんそう》（春に発芽し、その年のうちに生長、開花、結実して枯れる植物）であれば、親植物は枯れてしまう。それでも、植物は種子をばらまいていく。

環境は常に変化をする。植物にとって安住の地はない。そのため、常に新たな場所を求め続けなければならないのだ。

おそらくは、分布を広げることを怠った植物は滅び、分布を広げようとした植物だけが生き残ってきたのである。それが、現在のすべての植物たちが種子散布をする理由である。

つまりは、**常に挑戦し続けなければ現状維持もできない**ということなのだ。

それでは、次の問いはどうだろう。

植物が種子をつくるとき、大きい種子と小さい種子とでは、どちらが有利だろうか？

小さい種子は軽いから、それだけ遠くまで飛ぶことができるかもしれない。

しかし、小さい種子は栄養分も少ないから、生存できる可能性は低くなる。

一方の大きい種子は、たくさんの栄養分を蓄えているから、それだけ大きな芽生えとなることができる。大きい芽生えの方が生存率も高まるし、その後の生長も早いから競争力も高い。

ただし、植物が種子を生産するために使うことのできる資源は限られている。そのため、大きい種子をつくろうとすれば、その分だけ、生産できる種子の数は少なくなる。一方、たくさんの種子をつくろうとすれば、その分だけ、種子の大きさは小さくなる。

小さい種子をたくさんつくるか、それとも、大きい種子を少しだけつくるか、植物は「あちらを立てればこちらが立たず」のトレードオフの課題の中で、それぞれの種子サイズと種子の生産数について戦略を組み立てているのである。

大きい種子と小さい種子、どちらもそれぞれメリット、デメリットがある。

そのため、どちらが有利とはいえないのだ。

それでは、である。

より、予測不能な変化が起こる環境では、どうだろう。

攪乱《かくらん》の大きい場所では、大きい種子と小さい種子のどちらを選択するだろうか？

そもそも不安定な環境に育つ雑草の基本戦略は、**「小さくとも、たくさんの種子」**である。何しろ、予測不能な変化が起こるのである。何が起こるかわからない、どう変化するかわからない状況では、何に投資してよいのかわからない。そうであるとすれば、少しでもさまざまなものに投資をした方がよいのである。

それが、「小さなたくさんのタネ」である。

雑草の中でも比較的安定した環境に育つものは、比較的大きな種子をつける。一方、より不安定な環境に育つものは、雑草の中でも小さな種子をつける。

もちろん、たくさんつくられた小さい種子のうちの多くは、生存することはできない。芽を出すこともできない。数え切れないほどの失敗がある。一万粒の種子をばらまく雑草は、一万粒の種子をばらまかなければ、どれが生き残るかわからないということでもある。

しかし、一万粒のうち一粒でも命をつなぐことができれば、その雑草にとっては、成功である。そのためには、失敗しても投資のリスクが少ない小さな種子をたくさんばらまくということになるのかもしれない。

チャンスの数を増やして、小さなチャレンジを繰り返す。それが予測不能な変化を生きる雑草の戦略なのである。

ソーセージに似た穂に三十五万個もの種子

ガマという雑草は、背丈も高く、水辺で群生する競争力の高い強い雑草である。また地下茎で広がる多年草なので、種子をつくらなくても、どんどん広がっていくことができる。

このガマは、どのような種子をつくるだろう。

ガマはソーセージによく似た穂をつけることで知られている。

驚くことに、一本の穂の中には、およそ三十五万個もの種子が入っているといわれている。三十五万というと、地方の都市の人口、たとえば長野市の人口に匹敵する数である。そんなにも多くの種子が穂の中に詰まっているのだ。

どうして、高い競争力を持つガマが、こんなにもたくさんの種子をつけるのだろう。

ガマは浅い水辺に暮らす雑草である。しかし、水辺はけっして安定した環境であるとはいえない。水位は常に変化するし、大雨が降れば浸水するかもしれない。雨が降らなければ干上がってしまうかもしれない。じつに不安定な環境なのだ。

どんなにガマが競争力を誇っても、その成功が持続するとは限らない。

そのため、ガマは常に新天地を求めている。そして、数多くの小さなチャレンジを繰り返しているのである。

4章

常に一歩先を行く切れ者ぞろい

……いちばん身近で私たちを欺き続ける雑草たち

人間の草取りに負けない「擬態」作戦

タイヌビエ（イネ科）

「上農《じょうのう》は草を見ずして草を取る」という言葉がある。

「優れた農家は、草が生える前に草を取る」という意味だ。

この言葉は「中農《ちゅうのう》は草を見て草を取る、下農《げのう》は草を見て草を取らず」と続く。ふつうの農家は草が生えてから草を取る、そしてダメな農家は草が生えていても草を取らないというのである。

農業は雑草との戦いである。

油断すれば、田畑はあっという間に雑草だらけになってしまう。「草が生えてから草を取る」は平凡だというのだから、厳しい。

「草を見ずして草を取る」は大袈裟《おおげさ》だとしても、草が生えたかどうかくらいの早い段階で、草を取らなければならないということだろう。

中でも日本人にとって大切な米をとる水田は、農家が特に手入れをする場所だった。

水田で雑草を取る作業を「田の草取り」という。

田植えをしてしばらくすると、田んぼの雑草が生えてくる。除草剤のなかった昔は、農家の人たちは、田んぼの中を這いずり回って雑草を取らなければならなかった。

ひととおり田んぼの雑草を取り終わる頃には、次の雑草が生えてくる。これが「二番草《ばんぐさ》」である。二番草を取っても、三番草が生えてくる。農家の人たちは、稲が大きくなるまでに、何度も何度も草を取らなければならない。稲作は大変な重労働だったのだ。

しかし、である。

雑草の立場に立ってみても、これは大変なことである。

何しろ、何度も何度も人間が田んぼに入ってきて、片っ端から雑草を抜いていくのだ。

一度の草取りで逃れたと思っても、また、人間は草取りを始める。雑草にとって、田んぼという環境は過酷である。田んぼで生き抜くことは簡単ではないのだ。

もし、あなたが雑草だったとしたら、どのようにして草取りが繰り返されるこの過酷な環境を乗り越えるだろうか？

この危機を巧みに乗り越えているのが、**タイヌビエ**である。

タイヌビエは、古くから田んぼをすみかとし、田んぼに適応した進化を遂げてきたと考えられている。

たとえば、植物の種子が芽を出すのに必要な条件は、「発芽に適した温度」「水」「酸素」と理科の教科書で習う。ところが、タイヌビエは、酸素が少なくなると芽を出す性質を持っている。

水田は、イネをつくるために水をためる。つまり、水が入れられて酸素が少なくなったときが、タイヌビエにとっては発芽に適したタイミングなのだ。

その昔、大陸から日本へイネが伝来したときに、タイヌビエはイネの種子に混じって日本にやってきたと考えられている。縄文時代末期の遺跡からは、すでにタイヌビ

タイヌビエ

エの種子が発見されているというから、その歴史は古い。

水田は、人間がつくり出した人工的な環境である。タイヌビエは、はるか昔から、人間がつくり出した水田という特殊な環境に適応した進化を遂げてきたのだ。

タイヌビエは一メートルほどの大きさの雑草である。

小さな雑草であれば、イネの陰に隠れて、繰り返される田の草取りから逃れることができるのかもしれない。しかし、体の大きなタイヌビエは、そうはいかない。隠れようがないのだ。

田んぼに適応した「姿のくらまし方」

「木を隠すなら森の中」という言葉がある。

じつは、これこそが、タイヌビエの作戦である。

水田にもっともたくさんある植物はイネである。タイヌビエは、イネにそっくりになることで、姿をくらませているのだ。

タイヌビエとイネを見分けることは、簡単ではない。しかも草取りに一生懸命な人間には、イネにしか見えないタイヌビエの姿は、もはや目に入らないだろう。こうして、タイヌビエは鮮やかに田の草取りの危機を乗り越えているのである。

少しでもイネに似たタイヌビエは危機を逃れ、イネに似ていないタイヌビエは正体がばれて抜かれてしまう。こうして、イネに似たタイヌビエが生き残っていくうちに、ついには、イネと見分けがつかないような雑草が生まれたのだ。

自然界では、環境に適応した個体が生き残り、進化が進んでいく。これを**「淘汰」**という。

一方、人間が自分に都合のよい個体を選ぶこともある。少しでも収量の多いものを選び、少しでもおいしいものを選んでいく。これが**「人為的な淘汰」**である。

じつは、タイヌビエも人間が人為的な淘汰を繰り返すことで、進化してきた。もちろん、人間が意図していたわけではないが、タイヌビエは結果的に、人間がつくり出した雑草なのだ。

カメレオンがまわりの風景と同化したり、ナナフシが木の枝に似た体を持ったりするように、別のものに姿を似せて身を隠すことを**擬態**《ぎたい》という。タイヌビエはイネに姿を似せる**「擬態雑草」**といわれている。

タイヌビエにとって、大切なことは種子を残すことである。もし、そうであるとすれば、見た目の姿かたちなど、どうでもよい。タイヌビエにとってみれば、イネの姿に身をやつすことなど、何でもないことなのだろう。ついにその種子を残すとき、タイヌビエは頭一つ飛び抜けて、穂を出す。人間がその正体に気がついたときには、もう遅い。タイヌビエはバラバラと見事に種子をばらまいてしまう。もはや人間にできることは歯ぎしりすることだけなのだ。

大切なことのためには、見た目の体裁にはこだわらない。

タイヌビエはミッション遂行《すいこう》のために、自らを押し殺して周囲に溶け込むスパイさながらである。

別に見た目で個性を発揮する必要はない。しっかりと自分を持っていれば、見た目はまわりと大差なくてもよいということなのだ。

タイヌビエに学ぶ

「ミッション遂行」のためなら周囲に溶け込むしたたかさを持つ

「刈られるほど元気」になる奇妙な進化

スズメノカタビラ（イネ科）

芝生《しばふ》には、**シバ**という植物が植えられている。

一般的な植物にとって、草刈りされることはダメージである。しかしシバは、こまめに刈られるほど、元気に育っていく。

シバはイネ科の植物である。

シバに限らず**イネ科の植物は、刈られることを得意としている**ことが多い。

たとえば、芝生には、シバ以外にもさまざまなイネ科植物が用いられている。

また、一年に何度も繰り返し刈り取られる牧草にも、イネ科の植物が用いられている。

刈られれば刈られるほど元気になる奇妙な特徴は、どのような環境で進化したのだろうか？

イネ科雑草は、植物の中でも、もっとも進化した仲間の一つである。イネ科雑草は、草原地帯で進化を遂げたとされている。

植物が生い茂る森林と違って、草原は植物が少ない。そのため草原では、少ないエサをめぐって草食動物たちが競い合うように植物を食いあさる。そんな過酷な環境で進化を遂げたのが、イネ科植物なのである。

イネ科植物のもっとも特徴的な点は、生長点が低いことにある。

一般的な植物の生長点は、茎の先端にあって新しい細胞をつくりながら上へ上へと伸びていく。しかしそれでは、草食動物に茎の先端を食べられてしまうと生長点を失ってしまい、ダメージが大きい。

そこで、イネ科植物は、生長点を低い位置に構える形を進化させた。

もちろん、イネ科植物の生長点も茎の先端にある。しかし、茎をほとんど伸ばさない。茎の先端が地面の際にある状態なのだ。

イネ科植物は、地面の際にある生長点から、葉だけを上へ上へと押し上げる。

ウシやウマなどの草食動物に襲われても、食べられるのは葉っぱだけで、生長点はダメージを受けることがない。食べられても食べられても、葉を出し続ければいいのだ。

こうして進化を遂げたのがイネ科植物である。

〝地面ギリギリ〟に穂をつける理由

ゴルフ場や公園の芝生は、いつも刈りそろえられる環境にある。

刈り取られることで、地面から伸ばした葉っぱに光が届くようになる。さらに、刈られれば刈られるほど、他の植物は排除されていく。そのため、芝刈りをすればするほど、芝生は青々と美しくなるのである。

特にていねいに芝刈りが行なわれる場所がゴルフ場だろう。

ゴルフ場の中でも、もっとも低い位置で芝刈りが行なわれるのが、グリーンと呼ばれる場所である。グリーンは、カップに入れるためのボールが転がる場所なので、芝が伸びすぎないように、芝刈りが頻繁《ひんぱん》に行なわれ、数ミリ程度の高さで刈りそろえられている。グリーンではコウライシバやベントグラスと呼ばれるイネ科植物が、芝として用いられている。

そんなグリーンに生える雑草がある。それが、**スズメノカタビラ**である。

スズメノカタビラはイネ科雑草なので、草刈りに対して強い。

しかし、問題がある。

グリーンの雑草として振る舞うためには、次の世代を残さなければならない。人間に種子を播いてもらって管理される芝の仲間と異なり、雑草であるスズメノカタビラは、自分の力で種子を残さなければならないのだ。

イネ科雑草の生長点は低い位置にあるが、穂を出して種子をつけるときには、茎を伸ばさなければならない。しかし、ゴルフ場のグリーンのように頻繁に芝刈りが行なわれるような場所で茎を伸ばせば、種子をつける前に刈り取られてしまう。

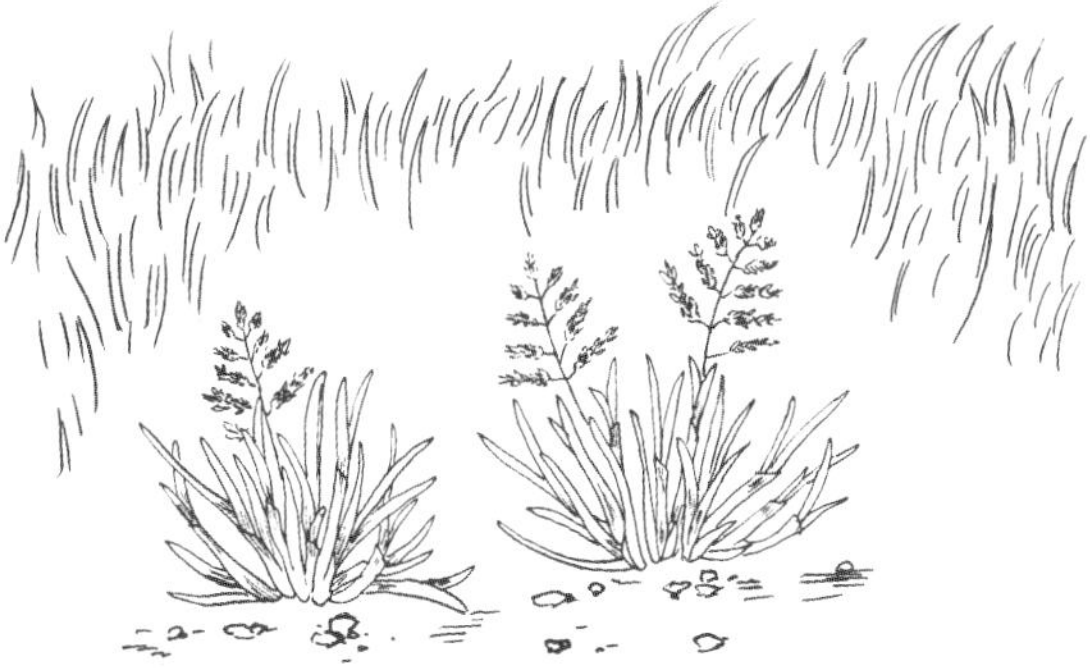

スズメノカタビラ

そのため、グリーンに生えているスズメノカタビラは、草刈りされる数ミリ程度の高さよりも低い位置で、地面ギリギリに穂をつけるように発達している。

ティーイングエリア、フェアウェイ、ラフ——場所ごとに違う草丈

スズメノカタビラは、大きく育てば二〇センチ程度の草丈になる雑草である。しかしゴルフ場では、少しでも高く茎を伸ばせば、茎を刈られてしまう。だから、低く、より低く穂をつけるのである。

驚くべきことに、グリーンに生えているスズメノカタビラを植え替えて、草刈りをすることなく育てても、やっぱり数ミリ程度で穂を出す。つまり、低く穂を出すという性質を遺伝的に身につけているのである。

ゴルフ場には、グリーンの他にも、最初にボールを打つティーイングエリアや、コースの中心でボールが打ちやすいフェアウェイ、フェアウェイの外側であえて打ちにくくしているラフなどがある。

そして、それぞれの場所で違った高さで芝刈りをしている。

面白いことに、それぞれの場所から取ってきたスズメノカタビラは、それぞれの場所の芝刈りの高さに合わせて穂をつけるという。

出る杭《くい》は打たれるというが、まさしくそのとおり。

種子をつけることが大切なのだとすれば、ただ高く伸びればよいというものではないのだ。

スズメノカタビラに学ぶ

「出る杭」になって余計なエネルギーを浪費しない

「遷移の覇者」として湿地に君臨

ヨシ（イネ科）

植物は放っておくと、次々に強い植物に生え替わっていく。

たとえば、空き地ができた後、最初は小さな草が生える。次に少し大きな草が生える。やがて大きな草が生い茂る。次に灌木《かんぼく》が生えて藪《やぶ》になる。そして、陽樹《ようじゅ》の森になり、最後には陰樹《いんじゅ》の生い茂る深い森になる。

この植生《しょくせい》が移り変わる現象は、教科書では**「遷移《せんい》」**と呼ばれている。

陰樹というのは、日陰でも育つ木である。最後の最後に陰樹の森になるのは、陰樹の苗木が暗い森の中で育つことができるためだ。陽樹は、日の当たる大人の木はよいが、その種子は森の中で育つことができない。そのため、最後の最後には陰樹に負けてしまうのである。

陰樹が遷移の最終的な覇者《はしゃ》である。この最後の覇者が君臨した最終的な状態を**「極《きょく》相《そう》」**という。

ところが、である。極相を成すのは、陰樹の大木ばかりとは限らない。

ヨシという草が、極相を成すことがある。

ヨシは二メートル以上になるから、草の中では大型である。しかし、木々に比べると、背丈はずっと低い。

「豊葦原の瑞穂の国」に秘められた意味

かつてこの国は、「豊葦原《とよあしはら》の瑞穂《みずほ》の国」と呼ばれていた。「葦が生い茂り、稲穂が実る美しい国」という意味だ。

ここでいう葦が、ヨシのことである。

「葦」という字は、「アシ」とも「ヨシ」とも読む。「アシやヨシが生える」という言い方をするが、実際にはどちらも同じ植物だ。もともとは「アシ」と呼ばれていたが、

「悪し」に通じることから、縁起をかついで、「よし（ヨシ）」と呼ばれるようになった。「お終《しま》い」は縁起が悪いので、「お開き」というのと同じようなものだろう。

現在では、図鑑では「ヨシ」の方が正式な名称として採用されている。もっとも、関西では「アシ」はお金を意味する「おあし」につながり縁起がよいので、好んでアシとも呼ばれている。

日本人の主食である米が実るのはよいとしても、雑草のヨシが生い茂ることが豊かな国というのは、奇妙な感じがする。

湿地に広がる葦原は、水田を拓《ひら》くのに適した土地である。あるいは、ヨシの根っこには鉄を産生する鉄バクテリアが付着することがある。古くはこれを集めて鉄を造った。豊葦原の瑞穂の国は、当時価値の高かった米と鉄の豊かな国という意味があるのである。

かつてこの国には、広大なヨシ原が広がっていた。平野部の低地が水田として開発されたのは江戸時代も半ば以降のことだから、現在、都市や住宅地となっている平野の多くは、その昔はヨシが生い茂る低湿地だったのだ。

ヨシ

陸地では、大木となる木々が遷移の極相を成す。これに対して水辺では、ヨシが遷移の覇者となり、一面のヨシ原を形成する。

それにしても、ふしぎである。

どうして、木に比べると背の低い草であるヨシが、遷移の覇者となることができたのだろう？

これは、難しい問いではないだろう。

水のたまるような湿地では、巨大な木々は生えることができない。そのため、草であるヨシが遷移の覇者となることができるのである。

しかし謎は残る。

草になる植物はたくさんあるのに、その中でどうして、ヨシは覇者となることができたのだろう。

その理由の一つには、イネ科植物の進化が関係している。

160ページですでに紹介したように、イネ科植物は、乾燥した草原地帯で進化を遂げた。

それでは、問題である。

どうして、乾燥地帯で発達したイネ科植物が、湿地の覇者となったのだろう？

イネ科植物は、茎を伸ばさず、生長点を一番低い位置に配置した。そして、低い生長点から、葉を上に押し上げる形に進化したのである。

それは何よりも、草食動物の食害から身を守るためである。低い位置に生長点があれば、どんなに葉を食べられても、生長点は食べられることなく守られる。

このように生長点が地面の際にあるイネ科植物は、葉と根の位置が近いという特徴がある。

植物が湿地に生えるときに問題になるのは、酸素である。湿地に生えるためには、水の底の土に根を張らなければならないが、**どのようにして酸素を根っこに供給する**

かが、湿地に生える上で解決すべき課題なのである。

ところが、乾燥地帯で進化したイネ科植物は、思いがけずこの課題を解決した。葉と根の位置が近いということは、葉で取り込んだ酸素を、すぐに根に送り込むことができるということである。

そのため、イネ科植物の中には、湿地に進出した植物も多い。

ヨシの画期的な発明——中空の茎

たとえば、水を張った水田で栽培されるイネも、イネ科の植物である。

ヨシは、そのイネ科植物の中で、遷移の覇者となった。

もっとも、覇者となるためには、競争力が必要であるが、競争力を高めるためには、ある程度、高い茎を持つことが必要となる。ヨシが生えるような湿地は、常に水位が変化し、ときには洪水が押し寄せるような不安定な環境である。その中で茎を伸ばすには工夫が必要となる。

ヨシの発明は、中心が空洞の中空の茎である。

この茎は、中が空洞なので、空気を通すことができる。

それだけではない。中の詰まった茎に比べれば、材料が節約できるから、それだけ茎を長く伸ばすことができる。しかも中空の茎は軽いから、高く茎を伸ばすことも可能だ。

そして、中空の茎は、よくしなる。強い水の流れも、しなって受け流す。

もっとも、ただよくしなるような弱い茎では、高く立つことができない。そこで、茎のところどころに節を入れて補強した。

こうして**ヨシは、軽くて丈夫で、そして巨大な茎を手に入れた**のである。

この軽くて丈夫な茎は、「よしず」（軒先《のきさき》などに立てかけて使うすだれの一種）の材料としても利用されている。

しかし、である。

もしかすると、この話はおかしいと思うかもしれない。

イネ科の利点は、根と葉が近くにある点にあった。高い茎を持つのであれば、イネ科のメリットを発揮できないではないか。

確かにそのとおりだ。
この答えを知るには、**イネ科植物の進化**を考えてみる必要がある。
別のイネ科雑草を紹介しながら、ヨシの謎に迫ってみることにしよう。

ヨシに学ぶ

外からの強い圧には、しなって受け流してみる

「シンプルな草型」に秘められた進化の跡

ススキ（イネ科）

ヨシは、湿地で起こる遷移の極相を成す最後の覇者である。

陸上では光を求めて木々が競い合い、巨大な木々がうっそうと茂る深い森が極相となる。

しかし、遷移がなかなか進まない場所もある。たとえば、酸性の火山灰土壌では、なかなか木々が生えることができない。そのような場所で覇者となったのが、**ススキ**である。

ヨシと同じように覇者として君臨するためには、雑草といえども光をめぐる競争を勝ち抜く必要がある。

そのためには、他の植物よりも高く育つ必要がある。

しかし、ヨシやススキはイネ科植物である。

すでにスズメノカタビラの項目で紹介したように、イネ科植物は草食動物の食害を逃れるために、生長点を地面の際に配置し、茎を伸ばさずに低く構える草型を発明した。つまりは、**生長点をはさんで根っこと葉っぱだけというシンプルな草型**である。

それが、私たちがイメージする地面から細い葉っぱが出ただけに見える「草」の姿である。

しかし、他の植物と光を奪い合う植物の宿命を考えれば、少しでも背を高くしたい。

それでは、どうすればよいのだろうか。

これを考えるには**「イネ科植物の進化の話」**をしなければならない。さまざまな工夫で進化してきたイネ科植物の、さらなる工夫を見ていこう。

長く伸ばした葉に「折り目」をつけてみた

まず、**地面から葉っぱを伸ばして、高さを稼ぐ方法**を考えてみよう。

たとえば、机の上に紙を立てて、どれだけ高くできるか考えてみる。

長辺と短辺があれば、長辺を縦にした方が高くなる。葉っぱも同じである。葉っぱを大きくするといっても、むやみに大きくすることもできない。葉面積が一定であれば、縦に細長い方が高さを稼ぐことができる。イネ科植物が細長い葉を持つのは、そのためである。

それでは次に、紙を細長く切って、その紙を机の上に立ててみることにしよう。ただし、あまりに細長く切ってしまうと、紙は垂《た》れ下がってしまう。

こんなときは、どうすればよいだろうか？

紙に折り目をつけてみると、強度が増して垂れ下がらなくなる。じつは、ススキの葉も同じようなことを試みている。

ススキの葉っぱを見てみると、葉の真ん中に太くて白い線が見える。これが「中《ちゅう》肋《ろく》」と呼ばれる葉脈《ようみゃく》である。葉の中肋は、まさに紙の折り目と同じである。その証拠に、葉の付け根を見ると、中肋で葉の付け根が二つに折り畳まれている。これがイネ科植物の工夫である。

しかし、もっともっと背を高くしたいとすれば、どうすればよいだろうか。

材質はそのままで高さを稼ぐには、どうすればよいだろう？

あらためて、机の上に紙を立てて、どれだけ高くできるか考えてみる。

もっとも効果的な方法は、紙を丸めて円筒《えんとう》にすることである。

円筒にすれば、紙の強度はさらに増して丈夫になる。長い紙を丸めて筒《つつ》のようにすれば、紙だけで高くすることが可能である。

じつはイネ科植物も同じことをしている。

イネ科植物の葉は円筒状の部分と、その先のふつうの葉っぱの部分とから成っている。ふつうの葉っぱの部分は**「葉身《ようしん》」**といい、筒のようになった部分は、刀を収める鞘《さや》のようなので**「葉鞘《ようしょう》」**という。この葉鞘は、円筒状をしているので、何気なく見ると茎のように見える。

驚くべきことに、**イネ科植物の茎に見えている部分は、葉が変化したもの**だったのだ。つまり、茎を伸ばし、そこから葉が出ているように見えていたが、イネ科植物は

ススキ

根と葉がつながっていたのである。葉鞘は、一見すると茎にしか見えないので、**「偽《ぎ》茎《けい》」**とも呼ばれている。しかし、ススキやヨシなどのイネ科植物は、茎の先端に穂がついている。これはどういうことなのだろう。

じつは、**本当の茎は、葉鞘の筒の中にある**。

イネ科植物は、偽茎と呼ばれる円筒状の葉の中に生長点がある。そして、穂が出る時季になると、生長点を先頭にした茎が、葉鞘の筒の中を伸びてくるのだ。

ふだんは茎はできるだけ伸ばさずに、葉鞘で高さを稼ぎながら、穂が出る時季だけ茎を伸ばす。これも草食動物から穂を守るための工夫である。

イネ科植物を穂が出る時季に観察してみると、穂が筒の中から出てくるようすを見ることができるだろう。前項で紹介したヨシが生長点を守りつつ、高い茎を持つことができた秘密は、このような工夫にあったのだ。

草食動物とイネ科植物の「静かなる攻防」

もっとも、紙に比べれば、イネ科植物の葉は、ずっと硬くて丈夫だ。

ガラスの原料となる物質であるケイ酸は土の中に豊富にあるが、何の栄養にもならない。しかし、イネ科植物はそのケイ酸を積極的に吸収していく。そして葉を硬くしていくのだ。

イネ科植物がケイ酸を集めるのは、もともとは草食動物の食害から身を守るためである。しかし、ヨシやススキのようなイネ科植物にとっては、背を高くするためにもケイ酸は役に立ったはずである。

ススキが生い茂る草原は、草食動物のすみかとなる。そのため、ススキは草食動物の食害から身を守るために、さらに葉のまわりのケイ酸を、のこぎりの歯のように並べている。

イネ科植物は、草食動物の食害を防ぐようにさまざまに進化している。すでに紹介したように、生長点を低く配置するのも、イネ科植物の工夫の一つだ。しかし、草食動物の方も、イネ科植物を食べなければ生きていけない。そのため、草食動物もイネ科植物を食べることができるように、高度な進化を遂げている。たとえば、草食動物は硬いイネ科植物の葉をすりつぶせるように、臼《うす》のような形をした歯を発達させている。

他にもイネ科植物の工夫はある。葉の中の栄養分を少なくして、エサとしての魅力を少なくしているのだ。

もちろん、草食動物も負けてはいられない。

草食動物のウシは四つの胃を持ち、胃の中の微生物にイネ科植物の葉を分解させて栄養分を得ている。また、ウマは長い盲腸《もうちょう》を持ち、栄養の少ないイネ科植物から栄養分を吸収するしくみを発達させている。

そのように進化できなければ、イネ科植物の草原で生きていくことができなかったのだ。

イネ科植物と草食動物は、そうやってともに進化を遂げてきたのだ。

草食動物と競い合って進化をした結果、ススキは硬くて耐久力のある体を手に入れた。

昔は、このススキの茎をたばねて屋根をつくった。これが**「かや葺《ぶ》き屋根」**である。

そして、村にはススキを刈るための**「かや場」**と呼ばれる場所があった。

しかし、かや場を放っておくと、遷移が進み、木々が生えてきてしまう。そして、ついには森となり、ススキがなくなってしまうことだろう。そのため人々は、かや場を維持するために、定期的に草を刈り、火入れをして野焼きをした。

こうして木々が生えるのを邪魔すれば、遷移の進行を止めてススキ草原を維持することができる。

もし人間を生物の一種に過ぎないと考えて、人間の営みを生物がなす営みであるとすれば、どうだろう。人間の営みによって維持されるススキ草原は、ある意味で極相とみなすこともできる。

こうして**ススキは、人間を巧みに利用することによって、ついには、極相の覇者となりえた**のである。

ススキに学ぶ

「生き残る」ために利用できるものは何でも利用する

Column

炎天下でも平気で青々

毎日、水をやっている花壇の草花が萎《しお》れてしまうような炎天《えんてん》でも、誰も水をやることのない道ばたの**エノコログサ**は、平気で青々としている。

その理由はエノコログサが持つ、特別な光合成システムにある。

エノコログサは、**「C_3回路」と呼ばれる通常の光合成のシステム**とは別に、**「C_4回路」**という回路を持っているのである。C_4回路を持つ植物は、一般に**「C_4植物」**と呼ばれている。

光合成は、二酸化炭素と水を材料として、糖をつくり出す生産工場のようなしくみである。この工場がエネルギーとして使うのが太陽の光エネルギーである。

植物の光合成というと、酸素を出すというイメージがあるかもしれないが、酸素は、この工場から出される廃棄物《はいきぶつ》のようなものである。つまり、酸素はゴミとして捨てられているのである。

さて、C_4植物の持つ「C_4回路」とは、どのようなものだろう？

植物の葉には気孔《きこう》という空気の出入り口があり、ここから二酸化炭素を取り込む。C_4回路は、この二酸化炭素を濃縮する役割をしている。そして、濃縮した二酸化炭素を、一気に「C_3回路」に送り込むのである。

光合成のしくみは、生産工場のようなものである。夏は太陽エネルギーが豊富にあるが、エネルギーばかりがあっても、材料がなければ生産性は上がらない。**C_4植物は、材料を効率よく一気に送り込むことができるので、夏の炎天で光合成の生産性を上げることができる**のだ。

C_4植物の利点は、他にもある。

植物は二酸化炭素を取り込むために気孔を開くが、気孔からは貴重な水分が水蒸気となって逃げていく。C_4植物は、一度、気孔を開けば、取り込んだ二酸化炭素を濃縮しておくことができるから、**気孔を開く回数を減らすことができる**のだ。そのため、

水分のロスが少なく、乾燥に対して強さを発揮することができるのである。

C_4回路は、より進化した光合成のシステムなのである。

ところが、さらに進化した光合成システムもある。

「CAM《カム》」と名付けられたこの光合成システムは、C_4植物のしくみをさらに改良したものである。CAMを持つ植物は、**「CAM植物」**と呼ばれている。

C_4植物は、C_4回路で二酸化炭素を濃縮しながら、同時にC_3回路を回していく。

これに対して「CAM」のアイデアは、こうである。

CAM植物は、「C_4回路」と「C_3回路」の分業をより明確にした。そして、夜の間に二酸化炭素を取り込んでC_4回路に濃縮しておいて、昼にC_3回路で光合成を行なうように工夫したのである。

この方法であれば、**二酸化炭素を取り込むために気孔を開くのは夜だけ**ということになる。**暑い昼間には気孔を開く必要がなくなり、より乾燥に強くすることが可能に**なったのだ。

つまり、CAMは、もっとも進化した光合成システムということになる。

進化したシステムCAMの重大な欠点

しかし、ふしぎなことがある。

雑草ではCAMを持つ植物は、スベリヒユなど一部の雑草に限られている。

また、雑草以外でもCAMを持つ植物は、数が多くない。

どうして他の植物は、進化したシステムであるCAMを採用しないのだろう？

もちろん、採用できないわけではない。採用しないだけである。

それには理由がある。

進化したシステムであるCAMには、重大な欠点があるのだ。

夜の間に二酸化炭素を取り込むとはいっても、C_4回路に蓄積できる量は限られている。そのため、昼間の光合成で使える二酸化炭素の量が限られてしまうのだ。

それだけではない。気孔を開くことは、二酸化炭素を取り込むと同時に、廃棄物である酸素を排出するという役割もある。

昼の間、気孔を開かないと、酸素がたまってしまう。そのため、光合成を盛んに行なうことができないのである。

残念ながら、もっとも進化した光合成システムであるCAMは、もっとも効率の悪い光合成システムでもある。

そのため、一般の植物はCAMを採用する必要がないのだ。

ただし、昼間に気孔を開かないCAMは、乾燥にめっぽう強い。そのため、光合成の効率が低くても、乾燥に耐える方を優先したい**砂漠の植物**で多く用いられている。

それならば、C_4植物はどうだろう。

昼の間にも気孔を開きながら光合成を行なうC_4植物であれば、二酸化炭素が足りなくなることもないし、酸素がたまってしまうこともない。

しかし、C_4植物と呼ばれる植物も限られている。

これは、どういうことだろう。

どうして他の植物は、進化したシステムであるC_4回路を採用しないのだろう？

C_4回路は、材料となる二酸化炭素を濃縮するシステムである。二酸化炭素は大気中に常に豊富にあるから、あとは太陽エネルギーが豊富にあれば、一気に工場の生産性を上げることができる。

しかし、太陽エネルギーがいつも豊富にあるとは限らない。

日が当たらない日陰の環境もある。あるいは、夏も終わって秋になれば太陽の光は弱くなる。また、光合成効率を上げるためには、気温が高い方が有利となるが、その反対に気温が低くなると、光合成の効率は落ちてしまう。

材料だけあっても、エネルギーが足りなければ工場は力を発揮できないのだ。

それだけではない。

じつは、二酸化炭素を濃縮するC_4回路という前処理も、エネルギーを必要とする。ただでさえエネルギーが足りないのに、余計なエネルギーを浪費してしまう。

そのため**C_4植物は、太陽エネルギーの強い熱帯のような環境では力を発揮する**ものの、日本のような温帯の環境では、必ずしも優位性を発揮しないのだ。

日本の雑草にはC_3植物とC_4植物が見られる。

それぞれにとって有利な環境があるということなのだろう。

ただやみくもに進化すればよいというものではない。進化することにさえも、メリットとデメリットが存在するのである。

5章

雑草たちをめぐるセンス・オブ・ワンダー

……「オンリーワンの存在」をめざす知的なたくらみ

「図鑑の分類」に収まりきらない自由さ

ヒメジョオン（キク科）

雑草の中には、よく似た雑草も多い。

図鑑で見ても、なかなか区別がつかない。そして、図鑑にはかなり細かい区別点が書かれている。ときには、虫眼鏡で見ないと区別がつかないと説明されているものもある。

こんなに細かいところで区別をするのか、と思うかもしれないが、それは、仕方のないことでもある。

たとえば、私は若いアイドルの区別がまったくつかない。若い方は、「どこが同じなの。ぜんぜん違うよ」とあきれるだろうが、私には区別がつかないのである。それでは、どんなアイドル図鑑をつくれば私にも区別ができるだろうか。

印象に残りやすいのは髪型や服装だが、これらは変化してしまう。これら以外の違いを探すとなると、目の下にほくろがあるとか、笑うとえくぼができるとか、細かいところで区別するしかないだろう。

植物も同じである。違いがわかる人にとっては、明らかに違う植物も、区別点を説明しようとすれば、とても細かいところで区別するしかないのだ。

だから、植物図鑑を読むのは、なかなか難しいのである。

「一年草」と「多年草」――それぞれのメリット・デメリット

ハルジオンと**ヒメジョオン**もよく似た雑草として紹介される。

この二つの区別点について、ハルジオンは葉が茎を抱いているとか、茎が中空などと図鑑には説明されている。しかし、ハルジオンとヒメジョオンは、生物分類学的にはまったく別の植物である。

ハルジオンもヒメジョオンも、北アメリカから日本にやってきた外来植物である。

最初にやってきたのは、ヒメジョオンである。ヒメジョオンは明治時代に日本にやってきた。当時、延伸《えんしん》していった線路に沿って、各地に広がっていったことから、ヒメジョオンは**「鉄道草《てつどうぐさ》」**という別名でも呼ばれていた。ヒメジョオンは、タンポポと同じように綿毛で種子を飛ばしていく。汽車の起こす風で分布を広げていく見慣れない雑草は、文明開化の象徴だったのである。

一方、ハルジオンは、大正時代に日本にやってきた。しかし、分布の広がりはゆっくりであった。

スピーディーに広がったヒメジョオンと、ゆっくり広がったハルジオン。違いを生んだ原因は何なのだろう？

ヒメジョオンは、図鑑には**「越年草《えつねんそう》」**と書かれている。越年草は秋に芽を出して、冬を越し、翌年に花を咲かせる。年を越すので越年草と呼ばれているが、芽を出してから、一年以内に種子を残して枯れてしまう。

ちなみに春に芽を出して秋までに枯れてしまう植物は、図鑑では「一年草」と書かれている。越年草も一年草も、一年以内に枯れてしまうので、最後には、得られた栄養分のすべてを使って種子を生産する。つまり次の世代にすべてを投資するのである。

一方、ハルジオンは、図鑑では「多年草《たねんそう》」と書かれている。

多年草は、花を咲かせて種子をつくるが、完全に枯れてしまうことはなく、自身も生き続ける。そして、年々、株を大きくしていくのである。多年草は種子をつくるだけでなく、自分の生長へも投資が必要となるから、一年草に比べると種子の数が少なくなる。そのため、種子による増殖は一年草に比べると劣るのである。

それでは、一年草と多年草はどちらが雑草として有利なのだろう？

これは愚問である。

一年草も多年草も、それぞれがその得意を発揮しているのだ。

一年草は、環境の変化に対して強さを発揮する。しかも、予測不能な変化が不規則に起こる環境が得意である。そういう場所では、生き残ることは大変である。しかし、スクラップ・アンド・ビルドの言葉のとおり、破壊の後には、必ず創造がある。そうであるとすれば、スピーディーに世代を更新して、新しい環境に対応していった方がよいのだ。

一方、種子しか手段を持たない一年草には、種子のすべてが全滅するリスクもある。

その点、多年草は種子を残しつつ自分自身も生き残るから、保険がかかっている。たとえ種子が全滅してしまったとしても、自分自身が残るから、また種子をつくり直せばよいだけなのだ。また、種子から芽を出して大きく生長することは大変だが、多年草は、株が残っているから、すぐに大きく生長することができる。

ただし、多年草は、自分に投資をするから、その分だけ次の世代への投資は少なくなる。そのため、一年草のように、次々に世代を更新して、環境の変化に適応していくスピード感においては劣る。

このように一年草と多年草は、それぞれメリットとデメリットがあるのだ。

その「いい加減さ」こそ環境適応力

ヒメジョオンは越年草であるが、越年草は年を越すものの一年以内に枯れるので、**「冬型一年草」**という言い方もする。すべてを種子に投資して、スピーディーに更新

ヒメジョオン

していく戦略である。ところが、である。

ヒメジョオンは、一年以内に枯れずに二年かけて大きくなることもある。

このように一年以上かけて株をじっくり大きくして、二年目に花を咲かせる植物は二年草と呼ばれている。つまり、一年草であるはずのヒメジョオンが二年草のように生長しているのだ。

このような例は、他にもある。

たとえば、ヒメムカシヨモギもそうである。ヒメジョオンと同じく明治時代に鉄道とともに広がり、同じ「鉄道草」の別名を持つヒメムカシヨモギは、秋に芽を出して翌年に花を咲かせる越年草（冬型一年草）である。ところが、環境によっては、春に芽を出してその年に花を咲かせる一年草（夏型一年草）として、振る舞うのだ。

まったく図鑑どおりではないのだ。これは、おかしいのではないだろうか？

じつは、雑草は、植物図鑑に記載されているのと違った生え方をしていることも多い。春に咲くと書かれているものが、秋に咲いていたり、一メートル程度の草丈と書かれているものが、一〇センチ程度で花を咲かせていることもある。

雑草は、何といい加減な植物なのだろう。

しかし、雑草の立場に立ってみれば、それは、そうである。

雑草が生えるのは、予測不能な変化が起こる場所である。その変化に対応しなければ、生き残ることができないから、環境に合わせて自在に変化するのである。

そもそも、一年草や多年草というのは、人間が勝手に決めた分類に過ぎない。いわば、レッテルを貼られているだけなのだ。

図鑑に書かれていることが、人間が思う「あるべき姿」であるとすれば、雑草は、そんなレッテルにまったく縛られない。

「あるべき姿」に囚《とら》われないことこそが、雑草の強さなのである。

ヒメジョオンに学ぶ

「あるべき姿」に囚われない、レッテルに縛られない

「時代遅れの強さ」を体現

スギナ（トクサ科）

雑草は、もっとも進化した植物であるといわれている。

植物の進化を、理科の教科書に沿っておさらいしてみよう。

われわれ、人間を含む脊椎《せきつい》動物は、魚類が陸上に進出して両生類となり、は虫類や鳥類、哺乳《ほにゅう》類へと進化を遂げた。

水中から陸上に進出した植物にとっては、**「いかに水分を体内に送るか」**が課題の一つとなる。

植物の進化で最初に陸上に進出した**コケ植物**は、根と茎と葉の区別がなく、体内に水分を送るしくみが発達していない。そのため、体を大きくすることができず、水分の多い湿ったところに生える。次に登場した**シダ植物**は、根、茎、葉の区別があり、仮導管《かどうかん》という不完全ながら水を運ぶしくみを持っていた。

一方、シダ植物は胞子《ほうし》で増えるが、胞子は、有性生殖をするときに精子が泳ぐための水を必要とする。そのため、シダ植物も水辺から離れたとしても、湿った土地に生えるしかなかった。

そこで、生殖に水を必要としない種子を発達させたのが、**裸子植物**《らし》である。乾燥した土地に裸子植物が発達していくと、植物の進化の課題は、「環境の変化にいかに対応するか」となった。

裸子植物は、種子の元になる胚珠《はいしゅ》がむき出しになっているのに対して、そこから進化した**被子植物**《ひし》は、胚珠が子房《しぼう》に包まれている。裸子植物は、花粉がやってきてから種子をつくり始めるので、種子ができるまでに時間がかかる。それに対して、胚珠が守られている被子植物は、子房の中で受精のための準備を整え、花粉がやってくると同時に受精して種子をつくることができる。

このスピードアップによって、進化の速度は加速し、さまざまな環境に適応することになったのである。

植物がさらなるスピードアップを図ったのが、**木から草への進化**である。木は大きくなるのに何年も要するが、草であれば短い期間で花を咲かせて種子を残すことができる。こうして、さらなるスピードアップを実現し、環境の変化に適応していったのである。

もっともやっかいな「雑草のエース」

そして、雑草と呼ばれる植物が出現する。

雑草は、人間という生物種が次々につくり出す環境の変化に適応して、さまざまな進化を遂げていった。そして、もっとも進化した植物であるといわれるようになったのである。

春の風物詩に**つくし**があるが、つくしの植物名は**スギナ**という。つくしはスギナが胞子を飛ばすための胞子茎なのである。つくしは可愛らしいが、スギナは、もっともやっかいな雑草の一つである。

「スギナも枯らします」が、除草剤の宣伝文句になるくらいである。

ただ残念ながら、除草剤でスギナを完全に枯らすことは難しい。スギナの地下茎は地下一メートルの深さで広がっている。そのため、地面の上や地上に近いところのスギナを枯らしたとしても、その本体まで枯らすことは簡単ではないのだ。

この「雑草のエース」ともいえるようなスギナは、じつはシダ植物である。

進化の過程で考えれば、遅れた存在なのだ。

スギナの仲間は、古生代《こせいだい》（約五億七〇〇〇万年前〜二億四七〇〇万年前）に繁栄をしたとされている。古生代といえば、恐竜が活躍をした中生代《ちゅうせいだい》（約二億四七〇〇万年前〜六五〇〇万年前）よりも古い時代である。

スギナは古生代から存在している原始植物であるとされている。つまりは**「生きた化石」**なのだ。

植物は、コケ植物から、シダ植物、裸子植物、被子植物へと進化し、さらに被子植物は木本《もくほん》植物から草本《そうほん》植物へと進化を遂げてきた。

しかし、ふしぎである。

首が短い祖先種から、首の長いキリンが進化をしたように、進化といえば、より優れた形へと置き換わっていくイメージがある。

自然界は適者生存である。より優れたものが生き残り、より劣ったものは滅んでいく。実際に、首の短いキリンの祖先種は、現代にはもういない。

それなのに、である。

どうして、コケ植物やシダ植物のような古いタイプが、今でも生き残っているのだろう？

自然界では、優れたものが生き残り、劣ったものが滅んでいく。ということは、**生き残っているものは、すべて優れている**ということなのだ。

何も新しいシステムが優れているとは限らない。新しく生まれたシステムは、確かに優れているかもしれないが、それでもメリットとデメリットがある。進化することによって、失ってしまうものもあるだろう。

環境が異なれば古いシステムの方が優れていることもある。そのため、進化の過程で古いとされるコケ植物もシダ植物も、すべて現在でも生き残っている。そして、古いシステムを維持しながら、コケ植物はコケ植物なりに、シダ植物はシダ植物なりに、時代に合わせて進化をしてきているのである。

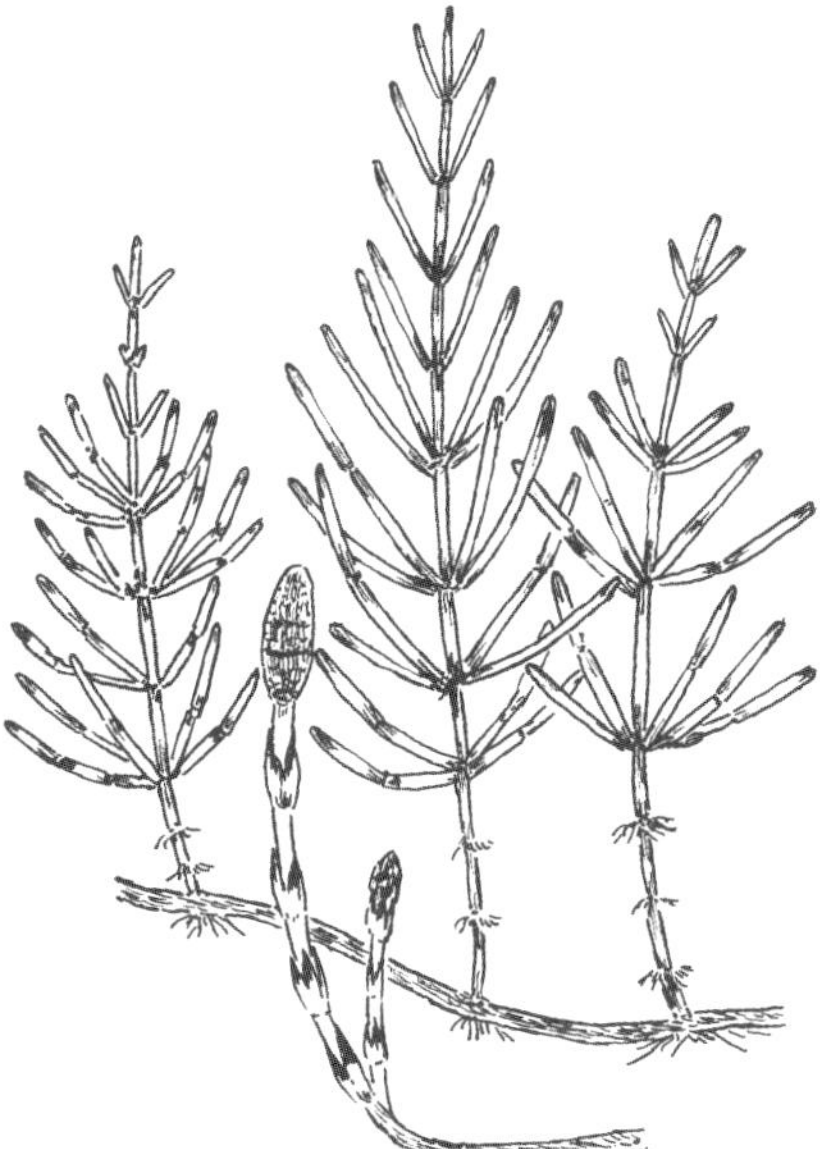

スギナ

現在、**私たちの目の前にある植物は、どれも進化の最新形**なのだ。

シダ植物は、茎と葉の区別はあるが、種子をつくる植物ほどその区別は発達していない。

私たちが一般的にイメージするシダ植物の地上に伸びているものは、茎ではなく葉っぱである。そして、茎は立ち上がることなく、地面の中を伸びている。地面の下を伸びる茎は地下茎と呼ばれている。

一方、スギナは、葉っぱが退化している。地上に伸びている葉のように見えるものは茎である。そして、地面の中にも地下茎を伸ばしている。その地下茎が深いところに潜《ひそ》んで、地上まで茎を伸ばしている。草取りをしても、除草剤を撒かれても地下茎が強さを発揮するのだ。この単純な構造こそが、スギナの強みなのである。

常に新しいものがよいとは限らない。ときには、古いシステムの方が力を発揮することもあるのである。

スギナに学ぶ

「時代遅れ」と感じるもののよさを見直してみる

「外来雑草」の悲喜こもごも

セイタカアワダチソウ（キク科）

外国から日本にやってきた外来雑草は、強くて凶悪なイメージがあるが、実際にはそんなことはない。

何しろ外国からやってきた雑草にとって、日本は不慣れな環境である。だから、数多くの雑草が日本に持ち込まれるが、その多くは日本の環境に適応できずに死に絶えてしまう。

その中で限られた外来雑草だけが日本に定着することができるのだ。

日本で繁殖して問題になる外来雑草は、ごく限られている。だからこそ、強くて侵略的な雑草が生き残るのである。

セイタカアワダチソウは、外来雑草の中でも有名なものの一つだろう。

グローバル化した現代では、次々に見慣れない外来雑草が日本にやってくる。その中で、セイタカアワダチソウは先駆け的な存在である。

セイタカアワダチソウは、第二次世界大戦後、アメリカから輸入された物資に混入して種子が持ち込まれ、日本国内で増加した。そして、戦後復興から高度成長の中で、物資の移動が盛んになるにつれて、日本中に広がっていったのである。

それまで日本の秋の原風景は、秋の七草に代表されるようにススキ野原が広がったり、枯れ野にポツンポツンと野の花が咲いていたりするのが一般的だった。

ところが、セイタカアワダチソウは、黄色一色で秋の野原を染め上げてしまう。それまで見たこともなかった秋の風景によって、日本人は外来雑草の存在感を見せつけられることになったのである。

セイタカアワダチソウが一気に蔓延したのには理由がある。

セイタカアワダチソウは、**根から毒性のある物質を分泌《ぶんぴつ》**している。その毒でライバルとなるまわりの植物を駆逐してしまったのである。これでは、他の植物にはまった

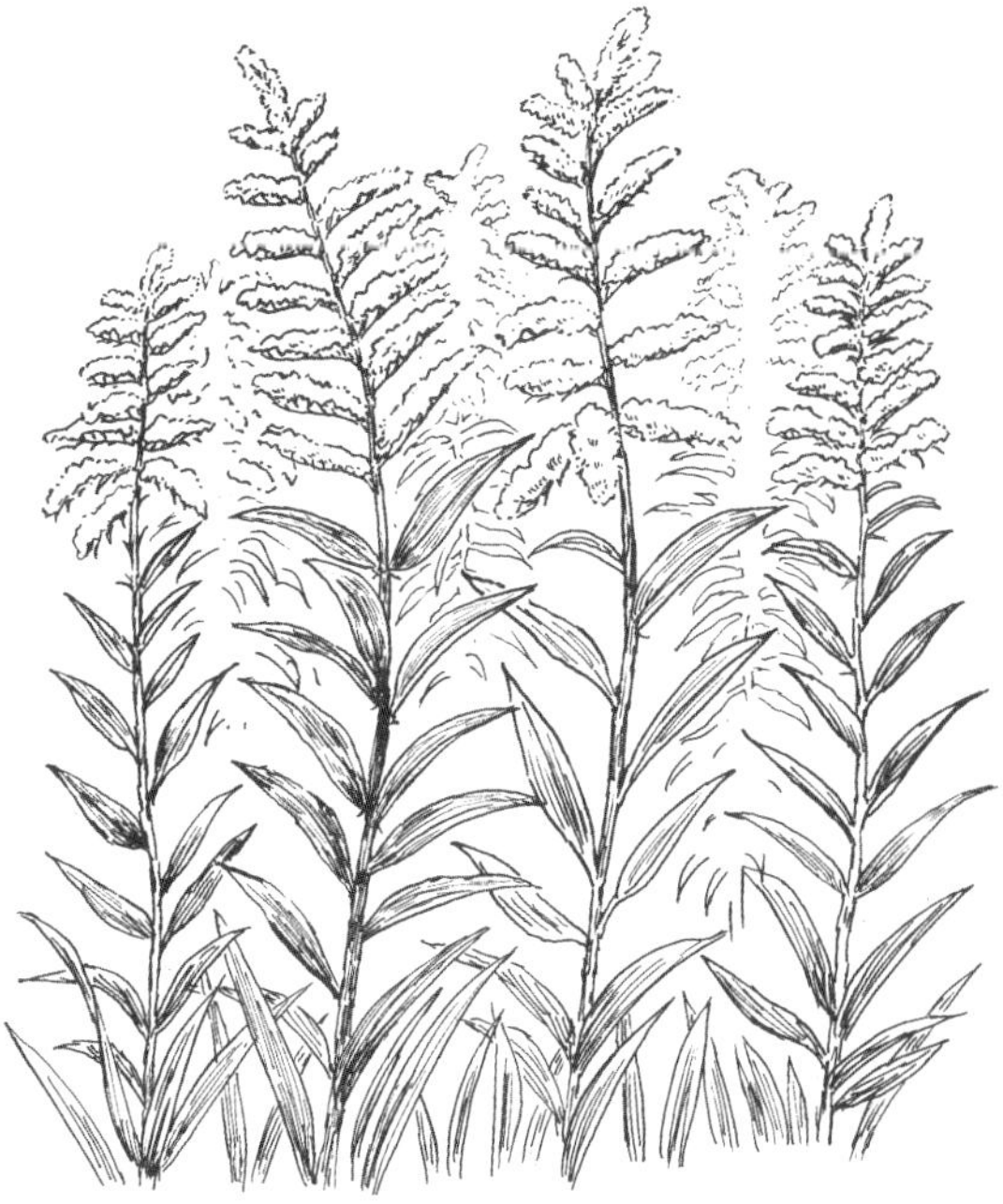

セイタカアワダチソウ

く勝ち目がない。

こうしてセイタカアワダチソウは、鮮やかなひとり勝ちを果たし、秋の野原に大群落を形成したのである。

ところが、である。あんなに猛威《もうい》を振るったセイタカアワダチソウは、現在はすっかり衰退してしまっている。

いったいセイタカアワダチソウに、何が起こったのだろう？

セイタカアワダチソウが衰退した原因は**「自家中毒」**にあったといわれている。

他の競争相手がいる間は、毒は強力な武器であった。しかし、競争相手がいなくなってしまうと、あろうことか、相手を攻撃するはずの毒によって、自らも被害を受けるようになってしまったのである。強力な武器は自らを傷つける刃《やいば》にもなるのだ。

セイタカアワダチソウの失敗は、自然界では「ひとり勝ちは許されない」ことを示す例とされている。

もっとも、日本では悪者扱いされているセイタカアワダチソウだが、原産地のアメリカでは、可愛らしい祖国の花として愛されている。

そもそも日本名のセイタカアワダチソウは「背高」に由来している。日本では数メートルの高さに生長するからだ。

しかしふしぎなことに、原産地のアメリカで見ると、そんなに背が高くもない。一メートルにも満たないくらいの大きさだ。これくらいの草丈であれば、可愛らしい感じがする。しかも、一面の群落をつくることもなく、たくさんの草花の中でポツンポツンと咲いている。

最近では、他の国からアメリカに侵入してくる外来雑草から、在来のセイタカアワダチソウを守ろうという活動まである。祖国では、かよわい存在なのだ。

どうして可愛らしかった野の花が、日本ではモンスターとなってしまったのだろうか。その真相はわからない。しかし、それは不慣れな日本の環境で必死に生き抜こうとした姿だったのかもしれない。

それにしても、ふしぎである。

どうしてセイタカアワダチソウは、原産地ではひとり勝ちをしないのだろう？

原産地では、毒を出さないのだろうか。そんなことはない。

セイタカアワダチソウは、原産地であっても、毒を出しているはずである。

しかしアメリカの植物は、ずっと昔からセイタカアワダチソウとともに進化を遂げてきた。セイタカアワダチソウが毒を発達させていたとしても、他の植物も同じように、その対応策を進化させてきたのだ。

そもそも、あらゆる植物は根から化学物質を滲出している。それは、まわりの植物を攻撃するためだったり、病原菌や害虫から身を守るためだったりする。

セイタカアワダチソウが毒を出していたとしても、隣の植物も同じように化学物質を出しているから、それはお互いさまなのだ。

セイタカアワダチソウが出す毒くらいで影響を受ける植物は、アメリカでは生き残っていない。

ところが、日本の植物にとって、セイタカアワダチソウの出す毒は経験したことのない未知の物質だった。そして、為《な》す術《すべ》もなく駆逐されてしまったのである。

しかし最後には自家中毒によって、セイタカアワダチソウ自身も駆逐されてしまった。今では在来のススキに追いやられているようにさえ見えるくらいだ。

自然界では「ひとり勝ち」は長続きしない

もっとも、セイタカアワダチソウが衰退した原因は、それだけではないと考えられている。

日本に侵入してきた**外来雑草にとっての利点は、母国で脅威だった天敵の害虫や病原菌がいないこと**である。

日本にやってきたばかりの頃、セイタカアワダチソウを食害する害虫はいなかった。しかし最近では、天敵の害虫もアメリカから日本に侵入してきた。また、日本の病原菌も、セイタカアワダチソウでも感染するように変化を果たした。もしかしたら、日本の植物もセイタカアワダチソウに対する対応策を発達させてきたのかもしれない。

今ではセイタカアワダチソウも他の植物に混じって花を咲かせている。「セイタカアワダチソウは衰退した」といわれている。

しかし、本当にそうだろうか。

秋の野原に咲くセイタカアワダチソウは、一メートルにも満たない草丈である。まるで原産地で見るのと同じ可愛らしさだ。今ではすっかり日本の秋の風景の中に溶け込んでいるようにさえ見える。

自然界では、さまざまな生物たちが競い合ったり、助け合ったりしている。ひとり勝ちするものもなければ、ひとり負けするものもない。そのバランスの中で、すべての生き物たちが暮らしているのだ。

はたして、ひとり勝ちすることが成功なのだろうか。

セイタカアワダチソウは今、本来の「らしさ」を取り戻しつつあるともいえるのではないだろうか。

セイタカアワダチソウに学ぶ

「らしさ」を取り戻せば、無理なく生きていける

「寄生して暮らす」のも楽じゃない

ネナシカズラ（ヒルガオ科）

植物にとって根っこは、体を支え、水や栄養分を吸収するための大切な器官である。ところが、雑草の中には、**ネナシカズラ**という名前のものがいる。ネナシカズラは、その名のとおり、根っこがない。

どうしてネナシカズラは、根っこがなくても生きていけるのだろう?

もっとも、「根なし」とはいっても、最初から根っこがないわけではない。種子から芽を出したばかりのときは、ちゃんと根を持っている。

ネナシカズラは、アサガオと同じヒルガオ科のつる植物である。他のつる植物がそうするように、巻き付くものを探して、地面につるを這わせていく。

ところが、ネナシカズラは、他のつる植物のように、どんなものにでも巻き付いてよじ登るというわけではない。人工的な支柱や、枯れ枝には見向きもしない。

見た目も生態も、まさに「ひも」

ネナシカズラのつるが探しているのは、活きのいい植物である。

獲物を狙うヘビのごとく、ネナシカズラは、あたりの植物を撫《な》でまわしながら、巻き付く相手を探していく。

そして獲物を見つけると、つるを巻き付け始めるのである。

じつはネナシカズラは、他の植物から栄養分をもらって生活をする**寄生植物**である。必要な栄養分は他の植物からいただくから、養分を吸収するための根っこも、光合成をするための葉っぱも必要ないのだ。

獲物を捕らえたネナシカズラにとって、地面に這っていた根っこは必要ない。そのため、やがて根っこは消失してしまう。その代わり、吸血鬼のキバのような鋭い寄生

ネナシカズラ

根という根っこを、つるでがんじがらめにした植物の体に食い込ませる。そして、生き血を吸うがごとく、獲物から栄養分を吸い取ってしまうのだ。

光合成をする必要のないネナシカズラの体には、光合成のための葉緑素がない。そのため、ネナシカズラの体は黄白色をしている。

その姿は、まさに「ひも」にしか見えない。


何というずるい戦略なのだろう。


もっとも、自然界には「ずるい」という言葉はない。

そこには、何のルールもない。法律もなければ、道徳もない。どんなに汚い手を使っても、生き残りさえすれば勝者なのだ。

しかし、ふしぎなことがある。

「どんなに汚い手を使っても、勝てばよい」という世界なのに、意外なことにネナシカズラのように完全に相手に寄生する植物は意外と少ない。

どうしてネナシカズラのような寄生植物は、少ないのだろう？

残念ながら、本当の理由はわからない。

しかし、ネナシカズラを見ていると、何となく理由がわかるような気がする。

寄生という戦略は相手が頼りである。ネナシカズラが繁茂《はんも》すると、ときには相手の植物を枯らせてしまうこともある。寄生した植物が弱って死んでしまえば、ネナシカズラも死に絶えるしかない。

獲物が足りなくなれば、ネナシカズラどうしで絡み合い、共食いを始めてしまうことさえある。

植物は、光と水と栄養分さえあれば生きていける存在である。それなのにネナシカズラは、獲物の植物がいなければ生きていくことができないのだ。

ネナシカズラの暮らしはよほど過酷なのだろう。ネナシカズラが同じ場所に毎年繁茂していることは少ない。ネナシカズラが繁茂していたところを翌年見ると、もうそこにはネナシカズラの姿はない。おそらくは、よほど綱渡りの生活をしているのである。

繰り返すが、自然界には「ずるい」という言葉はない。どんな方法も許される。しかし、結局のところ**「ずるい」やり方はうまくいっていない**のだ。そして、何のルールもない、道徳もない自然界なのに、生き物たちは意外と助け合っている。これは本当にふしぎなことだ。

結局は、**助け合うことの方が強い**。おそらくはこれが、生物が進化の果てにたどりついた答えなのである。

ネナシカズラに学ぶ

「ずるい」やり方はやめて、「助け合う」方法を探っていく

葉の変異が大きいのは「必要な個性」

オニタビラコ（キク科）

雑草は、変異が大きいことで特徴づけられる。

「変異」とは、同じ生物種の中で、形質が異なることをいう。たとえば、人間の中にも背の高い人や背の低い人がいる。これは変異である。

しかし、背が高い理由は二つ考えられる。

一つは**遺伝**である。両親も兄弟も背が高い。もともと背が高くなる遺伝的な形質というものはある。

もう一つは**環境**である。たとえば、遺伝的に同じ双子の兄弟が、別々の環境で暮らすうちに、十分に運動したり、栄養や睡眠をたっぷり取っていた方が背が高くなったということがあるかもしれない。これは、遺伝ではなく、環境の影響である。

このように、性質を決めるものには、先天的な「遺伝」と後天的な「環境」がある。

雑草の変異にも、遺伝と環境とが影響している。

変異のうち、遺伝の影響によるものは**「遺伝的変異」**と呼ばれている。これに対して、環境によって変化することを**「表現型可塑《かそ》性」**と呼んでいる。

雑草は、この「遺伝的変異」と「表現型可塑性」のどちらも大きいとされている。つまり、生まれ持った形質もバラバラであるし、環境に応じて変化する力も大きいのである。

雑草は、変化する環境をすみかとする。そのため、変化に対応して、雑草自身も変化するよう進化を遂げているのである。

「均一にそろわない」という強み

オニタビラコという雑草は、地面にロゼット葉を広げているが、葉の形に変異が大きい。

そのため、葉だけを見て図鑑と照らし合わせてみても、オニタビラコと判別することは簡単ではない。

ただし、花が咲けば、オニタビラコだと簡単にわかる。オニタビラコの花には変異はほとんどない。どれも黄色い色をしているし、同じような形をしている。

オニタビラコに限らず、雑草の花は比較的変異が小さい。

そのために、変異が大きい植物も、花を見れば、種類を見分けることができる。植物図鑑なども花の特徴から、種類を識別するようになっている。

しかし、ふしぎである。

どうして花には、変異が少ないのだろう?

雑草の変異が大きいのは、環境に適応するためである。

雑草にとって、もっともリスクが高いのは、均一にそろってしまうことである。選《え》りすぐられたエリートだけを集めることは簡単である。

しかし、環境は常に変化する。

どんな形質が優れているかは、環境によって変わってくる。選りすぐられたエリートが、その環境に適応できなければ、その集団は全滅してしまう。あるものは寒さに強く、あるものは乾燥に強い。そしてあるものは病気にかかりにくく、あるものは生長が早い。このように遺伝的に多様性があれば、その環境に適応した個体が生き残る。雑草だけではない。多様性を維持することは生物が生き残る上で、とても重要なのである。

オニタビラコの葉の変異に、どのような利点があるかはわからない。

たとえば、オニタビラコの葉は切れ込みの深いものと、切れ込みのないものがある。切れ込みのある葉は、水を運ぶ葉脈のまわりの葉だけを残し、それ以外を削《けず》り落としている。そのため、乾燥に強いという特徴が推察できる。一方、切れ込みのない葉は、少ない面積で光合成を行なうのに有利だろう。

切れ込みのある葉と、切れ込みのない葉は、どちらが優れているかわからない。だから、オニタビラコはさまざまな葉を持つという多様性を選んだのである。

それでは、花にはどうして変異が少ないのだろう。

オニタビラコ

オニタビラコの花の色と形には、正解がある。つまり、私たちが目にするオニタビラコの花は、その正解なのだ。

正解があるものは、その正解に進化し、正解がないものには、さまざまな可能性を残し、多様性を維持する。それが生物の基本戦略である。

それでは、私たちはどうだろう。

多様性は、私たち人間の世界では、「個性」と呼ばれるものかもしれない。

私たちは誰もが目が二つである。目の数に個性はない。それは、目の数は二つが、正解だからなのだ。口の数も耳の数も個性はない。

しかし、私たち人間の顔は一人ひとり違う。つまりは遺伝的な多様性を持つのだ。

そして、私たち人間は能力も性格も違う。

生物は、必要のない個性はつくらない。もし、能力や性格に違いがあるとすれば、それは個性が必要ということにほかならないのだ。

オニタビラコに学ぶ

個性があるのは「多様性の維持が正解」だから

おわりに　雑草の数だけ「自由でドラマティックな戦略」がある

雑草は「雑な草」である。

それでは、「雑」とは、どんな意味なのだろう。

「中国雑技団」には「雑」という字が使われている。

もちろん中国雑技団は、雑な技を行なうわけではない。その技は高度に洗練されていて、鮮やかである。

「雑技」とは「たくさんの技」という意味なのだ。

そういえば、雑誌や雑学などの「雑」がつく言葉も、メインではないけれど、「その他たくさん」というニュアンスがありそうだ。

「雑草」とひとくくりにされることが多いが、実際には、雑草には多種多様な種類がある。

そして、それぞれの雑草が、それぞれの戦略を組み立てているのだ。

雑草はどこにでも生えているイメージがあるが、実際にはそうではない。本書で見てきたように、それぞれの雑草がそれぞれの戦略に適した得意な場所に生えている。

たとえば、踏まれる場所には、踏まれることに得意な雑草が生えている。そして、踏まれることで成功をしている。あるいは草刈りされる場所では、草刈りを得意とする雑草が生える。そして、草刈りされることで成功を収めている。

雑草の数だけ戦略があるのだ。

雑草は「雑な草」である。

たくさんの種類の雑草がある。そして、さまざまな生き方をしている。

同じ雑草でも、環境が変われば、生え方も変わる。環境によって生き方もさまざまなのだ。

それだけではない。自分が成功していても、それに一切こだわらず、さまざまな子孫を残す。成功の方法は一つではないことを知っているし、生き方に答えがないことも知っているのだ。
まさに雑草は「雑な草」と呼ぶにふさわしい。

「雑」とは何だろう。

雑は整理されない力である。
雑は枠に収まらない力である。
雑は常識や思いこみに囚われない力である。
雑は変化する力である。
そして、雑は新しいものを生み出す力である。

そうだとすると、今の時代にこそ「雑」はふさわしい。
本書で見てきたように、雑草にとって予測不能な変化は、耐えるべきものではない。

克服すべきものでもない。雑草にとってはチャンスでしかないのだ。

先の見えない時代である。予測不能な変化の時代である。

この時代に、雑の力はいったい、何を生み出すのだろう。

いったい、どんな輝く未来が待っているのだろう。

雑草たちの時代がやってきたのだ。

稲垣栄洋

本書は、本文庫のために書き下ろされたものです。

面白《おもしろ》すぎて時間《じかん》を忘《わす》れる雑草《ざっそう》のふしぎ

著者　稲垣栄洋（いながき・ひでひろ）
発行者　押鐘太陽
発行所　株式会社三笠書房
〒102-0072 東京都千代田区飯田橋3-3-1
電話　03-5226-5734（営業部） 03-5226-5731（編集部）
https://www.mikasashobo.co.jp
印刷　誠宏印刷
製本　ナショナル製本

ISBN978-4-8379-3040-2 C0145

王様文庫